負けじ魂——これぞ船乗り

日本海軍・海上自衛隊こぼれ話

JN067771

イカロス出版

はじめに

筆者が本書に収めた体験談の数々を聞くようになったきっかけは、日本海軍潜水艦出身者交友会「伊呂波会」へ入会したことに始まる。その経緯はまた巻末でふれるが、そこから縁がつながり、海軍出身者はもちろん、海上自衛隊ＯＢの方々とも親しく交流するようになった。

彼らから聞かせてもらったのは生々しい実戦の話だけではない。海軍生活に関するいわば雑談的なものも多く、ユーモアを大切にする海軍士官のこぼれ話は実に愉快である。びっくりする話、感心する話し、知られざる美談も多い。そんなこぼれ話を『歴史群像』の編集長に飲み会の席などで話し、笑いを誘っていたのが、この連載のきっかけとなった。「面白いこぼれ話をエッセイ風に連載してはどうか」と提案されたのである。

一回一ページ程度、文字にしたら九〇〇文字くらいである。しかしこれは至難の業であった。話すから面白いのであって、文字にして話して面白さが伝わるだろうか。そもそもその前に短いエッセイほど、作文として難しいことはない。限られた文字数で起承転結、オチをつけてまとめなくてはならないのだ。

引き受けてはみたものの、当初はオチが成り立たないことや、エピソードを盛り過ぎたり、加減も分からず文才がないことをつくづく感じた次第である。それでも第一回の掲載が二〇一〇年の八月号なので、二〇二四年四月現在、かれこれ一四年八五回を超える連載となった。これも『歴史群像』編集部と、根気良く続けてくれた編集者、読者の支えにほかならない。雑誌の巻末にある「読者の声」や海上自衛隊の取材などで、「エッセイ読んでますよ」と声をかけられたことがどれほど励みになったことか。

そんな読者のみなさんから、以前のエッセイ読みたいのでアーカイブ版が欲しいとの声をいただき、今回の単行本化に踏み切った。再録にあたり連載時には書き添えられなかった補足説明も追記している。あわせて読んでいただければ楽しさも増すのではないかと自認している。

エッセイのネタはほとんどが日本海軍出身者、海上自衛官から直接聞いた逸話がベースとなっている。以前巡洋艦『青葉』と『熊野』のエピソードを書いた際、ネットで「捏造ではないか」と書かれたこともあるが、元乗員から直に聞いた話を書いているので、私の創作ではない。エピソードは直接聞いた話をベースにしている。

時が経ち、お付き合いをしていた海軍士官の皆さんは残念なことにすべて鬼籍に入られた。以前聞いた話を掘り起こすことはできても、もう〝新作〟はない。しかし、録音していた体験談の中には、まだまだエッセイとして紹介できる逸話が残されている。海上自衛官のエピソードを加えて、今後も連載を続けていけるものと信じている。本書を一つの通過点と思って読んでいただければ望外の喜びである。

Contents

第四章 平成三一／令和元（二〇一九）年～令和三（二〇二一）年

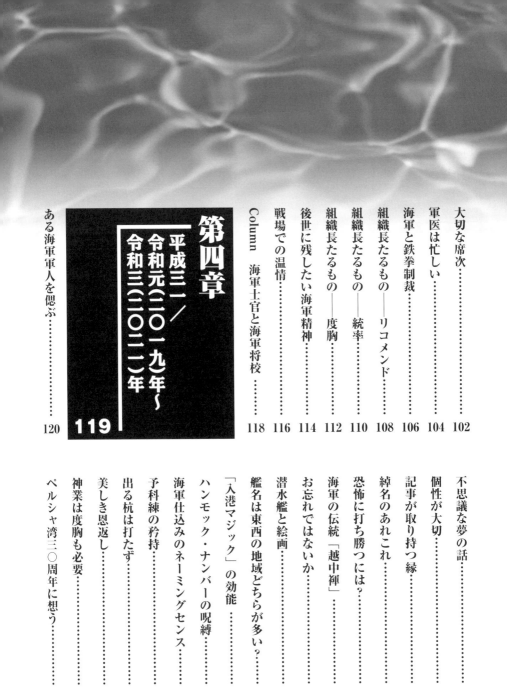

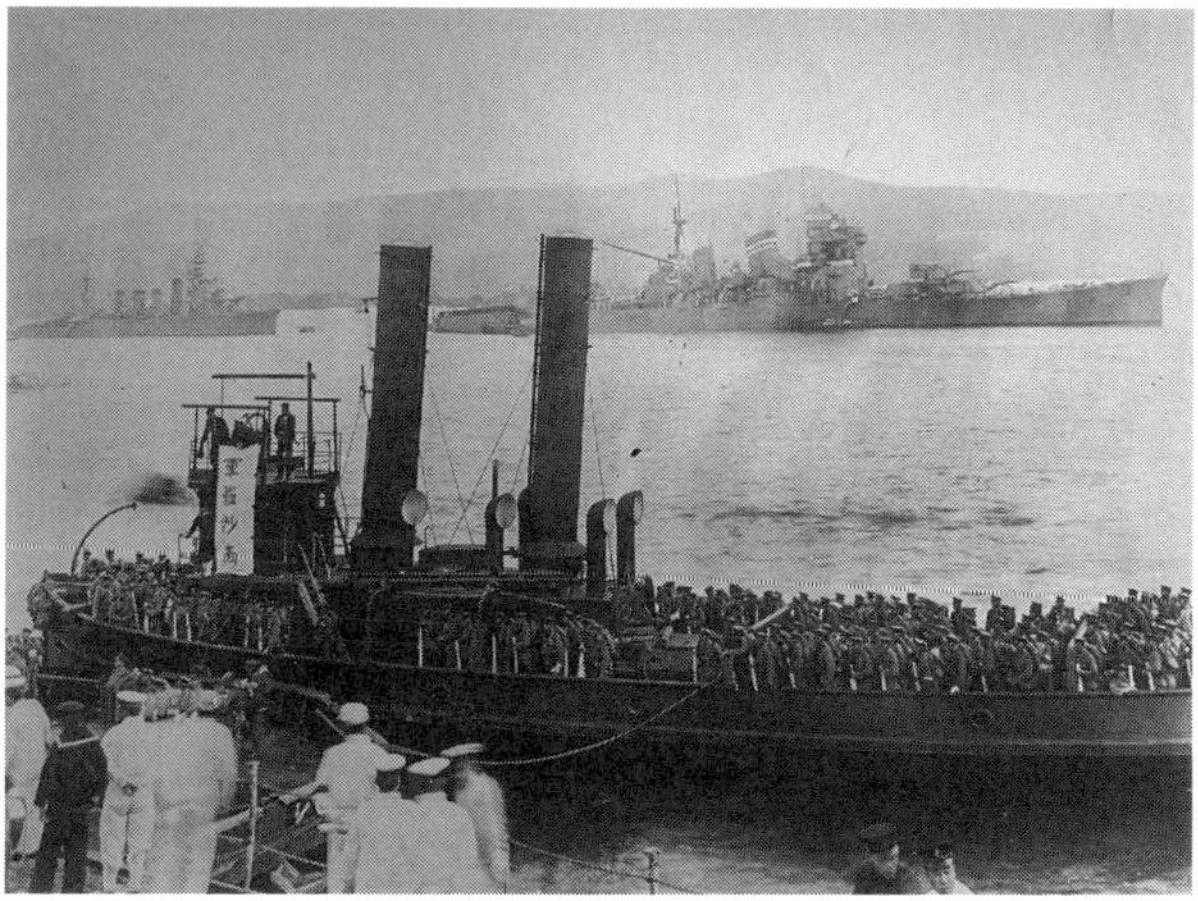

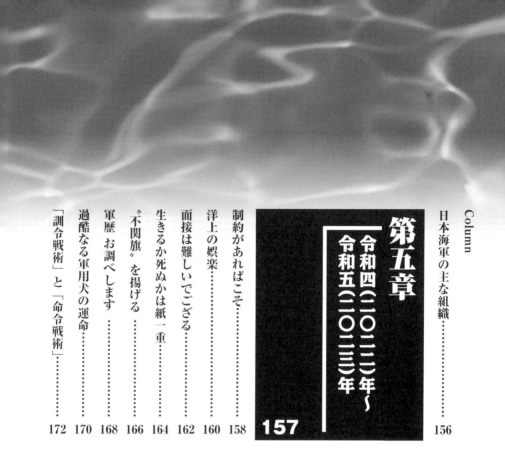

初出：ワン・パブリッシング刊『歴史群像』２０１０年８月号No.１０２～２０２３年12月号No.１８２

第一章

平成二二（二〇一〇）年〜
平成二四（二〇一二）年

長時間の飛行中に催したら——どうする？

〝生理衛生〟の話

先日、首都圏の通勤電車が事故で停電となり動かなくなったというニュースがあった。人によっては二時間も車内に閉じ込められたと聞いて、背筋が寒くなった。というのも、びろうな話で恐縮なのだが、小生はどうも 突然腹痛に襲われる癖がある。電車に閉じ込められたりしたら、急にお腹が痛くなることは間違いない。トイレに行けない環境に長く留まるのは不安なのである。

そう考えると、実によけいな心配をしてしまう。たとえば飛行機とかで、特に長時間飛行しなくてはならない偵察機のパイロットなどは、そうなったらどうするんだろうと、元搭乗員に聞いてみたことがある。

海軍水上機の名機と謳われた零式水上偵察機*1。その偵察・哨戒任務はときに八時間にも及ぶという。そんな長時間、しかも飲み物や弁当まで持参するからには、トイレは果たして……と疑問がわく。

ちなみに日本海軍では、紳士の国・イギリスの影響もあってか、へそから下のことにストレートな表現や単語を使わない。品格が大切なのである。だから下ネタではなく「生理衛生上の話」となる。彼らは大便、小便などと言わずに、大はグレート、小はスモールと言った。グレートのことをケーユーとも言ったが、これは「KUSO」の「KU」をとったもので、微妙なニュアンスの違いがあったそうだ。たとえば誰かがトイレに立った時「どっちだ」と聞かれたら「グレートだ」と答える。逆に病気で便通が乱れてし

*1 日本は海に囲まれ河川が多いため水上機が発達し、水上機王国といわれるほど名機が多かった。このエピソードに出てくる零式水上偵察機は通称〝三座水偵〟とも呼ばれる汎用偵察機で、弾着観測用で空戦可能な零式観測機、潜水艦に搭載された零式小型水偵という〝零式トリオ〟は、ともに特に太平洋戦争中、各前線で活躍した。

ラバウル方面で撮影された零式水上偵察機。水偵は各種の艦艇への搭載はもちろん、滑走路を必要としないため最前線に進出してさまざまな任務にあたることも多かった

まった時など は「KU（ケーユー）が変なところから出て不愉快だ」と言うそうで、この違いは海軍に生活した者でないと使い分けできない。

そんなスモールやグレート（KU）が差し迫った時、三座水偵ではどうするかといえば、スモールは油紙で出来た長細い袋が折りたたんであり、それをおもむろに広げ〝二〇ミリ機関砲〟をセットして〝事〟を済ます（二〇ミリ云々は元搭乗員の弁――念のため）。そして袋の口を閉じて機外に放り出すと、パッと割れて解決するそうである。このとき注意が必要なのは、後部座席の偵察員や通信員に風防を閉じるよう伝えること。グレート（KU）の場合は、適当な缶に水と油を入れておく。その缶に〝投下〟すると、油が水と分離しているので蓋代わりになるのである。もっとも、食うか食われるかという緊張の連続である飛行偵察任務では、一切グレートは催さないそうだ。そして任務を果たして無事に母艦近くに着水するや、途端に我慢できなくなるんだとか。

あるとき、帰還直後に我慢しきれず、水偵のフロートにまたがりグレート投下とあいなったという*2。すると、母艦である巡洋艦から発光信号が来た。「隊長、発光です」「なんだ、読め」「はい……打ち方やめ」。

*2 このエピソードは磁気探知機（現在のMAD）を装備して零式三座水偵を駆使し、対潜哨戒に従事していたパイロットに聞いた話である。母艦勤務時代の偵察任務でのことだったというが、今日と同様、偵察・哨戒任務は長時間の飛行が必要な過酷な任務であった。

50歳はまだ40代──？
SS601は500番台か

平成二十年三月、海上自衛隊の潜水艦『もちしお』が竣工した。同艦は葉巻型と呼ばれた現在の海自潜水艦部隊の主力である『おやしお』型の最終番艦だったわけだが、一つ気になることがあった。『おやしお』型は全部で一一隻建造されたが、一番艦『おやしお』から艦番号が連番で続いて一〇番艦の『せとしお』がＳＳ５９９。では、最後の『もちしお』はそのままＳＳ６００を名乗るのだろうか……。というのも、６００番台は掃海艦艇が使っている番号で、海自の潜水艦はずっと５００番台だったのだ。果たして６００番を振られるのか、あるいは空き番号を振られるのか……。

結果は、あっさりＳＳ６００を冠して竣工した。理由を聞いてみると、数字は1～10までが1桁台、11～20までが10番台、21～30が20番台となる。この理屈でいけば、６００は５００番台ということになる。言われてみると確かに、戦後初めて海自が保有した潜水艦『くろしお』(旧・米ガトー級『ミンゴ』)もＳＳ５０１で、ＳＳ５００ではない。５００番台は５０１からというわけだ（ただしその後、型式に関係なく連番になる）。*1

実は日本海軍の潜水艦の場合も、艦番号は1から始まっている。海軍潜水艦には海自のような『××しお』という固有名称はなく、排水量が一〇〇〇トン以上を「伊号」、五〇〇トン以上で一〇〇〇トン未満を「呂号」、五〇〇トン以下を「波号」と分類した。そして伊呂波を、さらに番号によって区別するようにしたのである。つまり「巡潜」型こと巡洋潜水艦を『伊1』から、機雷敷設型を『伊

*1 海上自衛隊で最初の潜水艦「くろしお」の艦番号は５０１で、続く戦後国産初の潜水艦「おやしお」は５１１でなぜか10番空いている。これは筆者の推測だが、日本海軍の潜水艦が１からは巡潜型、２からは機雷潜型、５から海大型としたように、潜水艦のクラスによって艦番号を分けようとしたのではないだろうか。海上自衛隊の場合、もし５０２から５１０が使われていれば、６００まで達することなく、配番に頭を悩ませることもなかったであろう。

戦後、米海軍に撮影された『伊400』。1番艦なので「401」かと思いきや、「400」から「402」まで3隻が建造された（Photo/USN）

2』から、「海大」型と称した海軍大型潜水艦は『伊5』から命名したのである。のちに建造数が増えて番号が整理できなくなり、古い艦に100番を足したりしてよけい分かりにくくなるのだが、原則としては、1から番号を付けられている。

ところが、アメリカ海軍を驚かせた当時世界最大の潜水艦『潜特』型は、400番台で命名されたが、一番艦は『伊401』でなく『伊400』である。さらに、小型潜水艦こと局地用潜水艦『小型』は、呂100番台を与えられたが、やはり『呂101』ではなく『呂100』からスタートしている。これには何か意図や理由があったのか、いろいろ調べてみたが、答えが書かれた資料にいまだ巡り合えていない。*2

振り出しに戻って、これじゃあ600はやっぱり掃海艦艇の番号だったんじゃないかと疑問に思ってしまうが、いずれにしても、日本海軍よりずっと長い歴史をもつ結果になった海自の潜水艦の中で、600番を付けた潜水艦が活躍しているのである。

なるほど、そう考えると過日、小生はついに五十歳の誕生日を迎え、「ついに50代か」と重みを感じたし、叔父や叔母にも（自分の年齢を棚に上げて）、小生が五十歳になったことを驚かれた。でも「もちしお」の法則なら、小生はまだ40代。次の誕生日で晴れて50代の仲間入りであると、ささやかに抵抗しておこう。

*2 日本海軍も海上自衛隊も艦番号の配番において、各艦種初の艦艇や画期となるタイプは「1」から始まることが多い。例えば最新の艦種であるFFM「もがみ」型の1番艦「もがみ」も艦番号は「1」であり「0」ではない。その後は前級から連番になることが多く、たとえば「あさひ」型は「119」からになっている。日本海軍も同様で、C1型と称した英国製の輸入潜水艦は後に波号第1となり、F1型と称したイタリア製の輸入潜水艦は後に呂号第1となり、伊号潜水艦も伊1からスタートし連番が続く。そのルールから外れた潜特型などの例は、なぜそうなったのか、いろいろ調べたが答えは見つかっていない。読者でご存じの方がいたら教示願いたい。

海軍全将兵にとっての「麗しのアイドル」

『間宮』ともみじ饅頭

艦隊勤務の楽しみは今も昔も食事にありというが、日本海軍の乗員は何を食べていたのであろうか。「食」はすべての根源であるということで、今回は海軍の糧食にまつわるお話。

そもそも、陸軍と海軍では食事に関して大きく違う。特に前線では、部隊の中で下級の兵隊が当番制で飯をつくる陸軍に対して、海軍は主計科に食事をつくる烹炊作業専門の兵隊がいる。狭い艦内で唯一の楽しみは食事である。それだけに味に対しても厳しかったに違いない。潜水艦などは、なおさら食事には気をつかった。なにせ生鮮食料品はすぐに駄目になるから、食事のほとんどが缶詰である。お稲荷さん、赤飯、うなぎ……。なんでも缶詰であるが、さすがに連日のこととなると独特の臭いが鼻につくらしい。

潜水艦ほどではないにせよ、艦船では基本的に生鮮食料品が長くもたない。それゆえに海軍でもっとも人気のある船がいた。給糧艦『間宮《まみや》』[*1]である。見た目はただの貨物船だが、所属の港から艦隊作業地に食糧を満載してやってくる。しかも「間宮」には肉屋、豆腐屋、菓子屋などの職人が八十人は乗っていたそうで、肉庫、魚庫、野菜庫などが完備され、一万八〇〇〇人の将兵に三週間分の食糧を補給できた。パンや菓子も製造でき、なかでも「間宮羊羹」は絶品と謳われ「間宮の羊羹を食ったら腰を抜かす」という伝説があるほどだ。[*2]

その『間宮』がある時、仏印の中南部にあるカムラン湾へ入港した。ただちに各艦に食糧の補給を始めた『間宮』から、カムラ

*1 給糧艦『間宮』の外見はお世辞にも近代的な船とはいえず、当時でもクラシカルな貨物船のような姿をしているが、艦隊で知らない人はいないくらい人気の船だったという。『間宮』が入港すると艦隊は沸き立ち、クラス会の予約や、各艦から食品等を補給してもらう内火艇が一斉に白波を蹴立てて『間宮』に集まったという。その後給糧艦は『間宮』では一隻では足りなくなり、『伊良湖』『鞍崎』が加わった。

*2 『間宮』で本格的に嗜好品の生産が始まったのは昭和三年とある。最初はラムネ、アイスクリームだったそうで、伝説の「間宮羊羹」はもう少し後年になる。「間宮アイス」も好評で、棒つきアイスではなく、きちんとアイスディッシャーを使い半球状に取り分けられたアイスクリームだそうである。しかも戦争中に大人気だったのは抹茶アイスだったとか。

建造中の戦艦『大和』を写した有名な一枚。実はこの『大和』の主砲砲身の先に写っているのが『間宮』である。当時すでに就役から17年経っていた（Photo/USN）

ン湾所在の水上偵察機部隊に信号が届いた。「シキュウ ライカンサレタシ」。すなわち明日の出港後の対潜哨戒の依頼である。

早速、先任士官の機長が『間宮』に出向いて打ち合わせを行った。そして部隊に戻る際、機長が例の「間宮羊羹」を貰えないかと頼んだところ、『間宮』の担当者は「最近、羊羹は作ってないんです」とすまなさそうに答えた。そのかわりに「もみじ饅頭ならたくさんあります。どうぞ持っていってください」とバッグいっぱいの「もみじ饅頭」を貰ったという。早々に持ち帰ると、部隊は大騒ぎになった。今でも美味い「もみじ饅頭」を戦地で、しかも懐かしい故国の味である。「美味い！ 美味い！」と隊員たちは大喜びでたいらげた。

翌日、『間宮』は打ち合わせの時刻通りカムラン湾を出港。水上偵察機とランデブーを行うべく船を進めた。まもなく予定の時刻になると、五機もの零式三座水偵が上空に現れた。通常、貨物船なら対潜哨戒は一機が関の山であるが、「絶対に間宮を沈めるわけにはいかない」と言い出した隊員たちが、稼働全機をもって前路哨戒にあたったのである。*3

猛者どもの心をつかんだ「もみじ饅頭」。それを提供した給糧艦『間宮』は、海軍全将兵にとって「麗しのアイドル」であった。

*3 『間宮』最期の航海は昭和一九年一二月二〇日、マニラに向け輸送任中に潜水艦の魚雷を受けて沈没した。被雷直前、最後の夜食はうどんだったそうである。沈没した際、真冬の凍てつく海だったため、乗員約三〇〇名の中で助かったのはわずか六名だった。

ユーモアを解せざるは海軍士官の資格なし

受け継がれるユーモア精神

一時『〇〇の品格』という本が流行った。手にとってみるとなるほど、「男の品格とはかくあるべき」などと、もっともなことがさまざま書いてある。

その中で英国紳士が引き合いに出されており、イギリスでは単に家柄が良いとか裕福であるだけでは足りず、ユーモアのセンスがないと一流の紳士とは認められないとのこと。

確かに外交の場面などでも、緊迫した事態に発展しそうな時、ユーモアのおかげで一瞬にして和やかになるようなことがある。日本海軍でも、「ユーモアのセンスを解せざる者は海軍士官の資格なし」とまで言われていた。[*1] よって、その手の逸話は枚挙のいとまがない。例えばこんな話がある。

艦隊運動の訓練時のこと。旗艦を先頭に一列に続く単縦陣から、横一線に並ぶ単横陣に陣形変換する際、本来は旗艦に続いて転舵するはずの二番艦が、うまくいかずに旗艦より前へ出てしまった。

すぐさま、旗艦から二番艦にお小言の信号が来る。

「ナニヲシテイルカ」

二番艦は慌てて信号を返した。

「ゴアイサツニ マイリマシタ」

ユーモアを認められたのか、とりあえず「了解」と事なきを得た。ところが二回目の変換の時、またもや二番艦が前に出てしまった。これはまずい。当然、きついお叱りの信号が来るかと思いきや旗艦からは、

「タビダビ アイサツスルニ オヨバズ」

*1 ユーモアは日本海軍で特に重要視されていた。コチコチの海軍士官となることを嫌い、どこか余裕が感じられる泰然自若の姿を好んでいた。特にユーモアは単に面白い話だけではなく、任務中厳しい状況に追い込まれ皆が張り詰めている時などに、センスの良いユーモアを言って場を和ませ、緊張を解きほぐす効果があるものとして重要視していたのである。なのでみんながピリピリしている時に、センスのない一言を言って外したら、それは大変なことになる。

海上自衛隊の練習艦『かしま』。当意即妙なユーモアは海軍士官には必須の教養であり、日本海軍からの良き伝統として海上自衛隊にも受け継がれている（写真／海上自衛隊）

失敗をユーモアでカバーした二番艦以上に、切り返した旗艦の対応が心憎い。これは下手に怒鳴られるより堪えるかもしれない。

ユーモアは相手をニヤリとさせるセンスも重要であるが、ここぞというタイミングで機転を利かせて、瞬時に思いつくことが肝要だ。そのためには、やはり博識でなければ駄目ということで、紳士のステータス・シンボルとなっているのだろう。

時は変わって現代——。

二〇〇〇年、アメリカ独立記念日を祝う洋上式典において、世界各国からたくさんの艦艇、帆船がニューヨークに集まり式典に華を添えた。そんな中、あろうことか英国の客船『クイーンエリザベス2世』がハドソン河の流れに押され、係留中の海上自衛隊の練習艦『かしま』へ接近、瞬く間に『かしま』艦首部に接触してしまった。晴れの式典にとんだ失態である。[*2]

すぐに英国船長のメッセージを携えた『クイーンエリザベス2世』の機関長と航海士が謝罪にやってきた。相手の丁重なお詫びに対して『かしま』艦長は、

「幸い損傷も軽く、別段気にしておりません。それよりも女王陛下にキスされて、光栄に思っております」と答えた。

このコメントはニューヨークだけでなく、遠くロンドンにまで伝わり、日本のネイビーのユーモア・センスが大変評判になった。

日本海軍の良きユーモア精神は、現代の海上自衛隊にも脈々と受け継がれている。

*2 「クイーンエリザベス2世」のエピソードは有名で、二〇〇〇年七月四日、米国独立記念日を祝う洋上式典に参加するためニューヨーク港に入港した際のこと。双方に大きな被害はなかったが、謝罪のため相手の乗員が「かしま」を訪れた際の「かしま」艦長 上田勝恵一佐のユーモアは後日新聞で紹介され、大いに称賛された。

ただのジンクスか それとも――

アンラッキーNo.3

私の親友のF君は、のちに六大学野球でも活躍した野球少年だった。彼の憧れの選手は、誰がなんと言おうと長嶋茂雄だ。彼にとって長嶋選手の背番号「3」は、極めて神聖な数字なのである。よって彼のセキュリティーを突破するのは容易い。すべてのパスワードは「3333」のはずである。

野球に興味のない人でも、そもそも日本人は「三」という数字が好きである。「石の上にも三年」「三度目の正直」など挙げたらキリがない。これは奇数を「陽」、偶数を「陰」とする陰陽思想からきているという説がある。つまり「一」は物語の始まりを示す聖なる数字。そして縁起がよい奇数（陽数）の中で次に区切りのよい数字が「三」というわけだ。

ところが、日本海軍の潜水部隊では「三三」は縁起が悪いとされてきた。というのも開戦以来、末尾「三」の番号の潜水艦が次々と撃沈されたり、同型艦の中でも三番艦が最初に沈没するケースが多かったからである。[*1]

そんな中、昭和十七年六月に『伊三三潜』が竣工した。「いやな番号の艦ができたなぁ」と語り合ったそうだが、悪い予感は的中する。『伊三三潜』は就航三ヵ月後、トラック島での修理中に浸水を起こし、事故沈没してしまった。さらになんと、三三人の乗員が殉職したのである。これで潜水部隊における「三三」の縁起の悪さは決定的になった。

『伊三三潜』は引き揚げられ、内地に曳航されて修理を行い、約

*1　日本海軍の潜水艦で末尾「三」の数字が「縁起がよくない」と言われたのは事実で、当時の乗員は末尾「三」の潜水艦はできれば乗りたくないと囁かれた。特に末尾「三」の潜水艦は事故を起こす艦が多く、第四三潜水艦は大正一三年に軽巡「龍田」と衝突、沈没した。昭和一四年には豊後水道では伊六三が伊六〇に衝突され沈没。戦時中には伊一八三が広島湾で試験潜航中に操作ミスで沈没している。そして極めつけが伊三三の二度の事故沈没であった。

戦後に引き上げられた伊33潜。単なる偶然とはいえ、伊33潜の2度の自己沈没は、ジンクスを決定的にしたといえる。潜水艦乗りは3の潜水艦を敬遠するようになった（写真提供／勝目純也）

一年半後の昭和十九年六月に再就役を果たした。ところが信じられないことに、同艦は伊予灘での単独訓練中に再び事故沈没してしまったのである。原因は急速潜航訓練の際、給気頭部弁に円材がつまって弁が閉鎖できなかったためであった。やはり再就役する際に、艦番号を変えた方が良かったのではないかと思ってしまう。*2

しかし読者諸兄の中には「日本海軍の潜水艦はほとんど沈められたのだから、三だけが悪運とは言えないのでは」とのご意見を持つ方もいるかもしれない。ところが終戦後にも、事故で沈んだ不運な潜水艦があった。米軍への引渡しのため、昭和二十年十月に呉から佐世保に回航中、宮崎沖で触雷沈没して三五名が殉職した艦である。「丁型」という輸送用潜水艦で、艦番号は『伊三六三潜』。ここでも末尾が「三」だったのである。

では、時は変わって海上自衛隊の潜水艦ではどうだろうか。海自の潜水艦も当然だが艦番号が付いている。500番台が付与されていて末尾が「3」の番号を持つ潜水艦は六隻存在した。気になったので古い海自潜水艦乗りの方に聞いてみると、「3」の付く艦が特に事故が多いということはないらしい。それを聞いて安心した。ただしその方いわく、

「でも三と言えば、昔から三佐と三尉は事故や不祥事が多いね……」。

やはり今でもネイビーでは「三は要注意」なのである。

*2　現代の海上自衛隊の潜水艦は出入港時から潜航海域に出たら、基本ずっと潜航か潜望鏡深度で航行するので、確実に手順を踏み、時間を使って潜航、あるいは浮上するため、事故は起こりにくい。しかし日本海軍の潜水艦はシュノーケルもなく、通常は浮上航行していて、敵を発見あるいは発見された時に一秒でも早く潜航する急速潜航が死命を制したので、ミスが起きやすかった。また弁やハッチの開閉を確認するセンサー類等にも信頼性が低く、ヒューマンエラーをカバーすることが難しかったという。

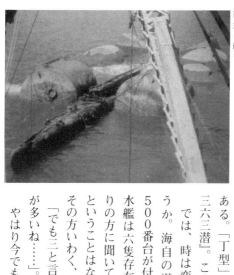

横浜に姿をとどめる美しき「白鳥」
『氷川丸』に想う

春の青く澄んだ空の下、久しぶりに横浜山下公園を散歩してみた。途中、目に入るのは博物館船の『氷川丸』*1である。一九三〇年竣工とあるので、今年で八十一歳の〝おばあさん〟である。しかし今日に至っても、その優美な姿は変わらない。

往時は太平洋を横断する日本郵船の貨客船で、太平洋戦争では我が国最大の特設病院船として活躍した。日本郵船優秀船の中で一度も武装されなかった唯一の船でありながら、戦争に生き残った唯一の船でもあることから「運の強い船」として知られ、真っ白い船体から「白鳥」と謳われて親しまれた。

こんな話を聞いたことがある。ある晩、水上偵察機で夜間偵察中に、水平線に何やら白い光が見えてきた。隊長は朝日かと思ったが、偵察員はまだ日の出の時間ではないと言う。近づいてみると、それは病院船『氷川丸』だった。国際法により病院船は攻撃してはならないから、灯火管制の必要はない。漆黒の夜の海で輝く『氷川丸』は、一際美しかったという。

しかし、あまり近づきすぎてはならない。偵察機といえども、敵に護衛機だと思われたら『氷川丸』が潜水艦等の襲撃を受けてしまうからだ。ギリギリまで近寄ってみたところ、偵察員が双眼鏡を覗きながら、頼んでもいないのに操縦中の隊長へ報告を始めた。

「あっ隊長！ 舷窓のカーテンが開きました」

「あっ看護婦が見えます」

---

*1 『氷川丸』は国の重要文化財として横浜山下公園前に係留されている。戦時中病院船として船体を白く塗られていたことから、その優雅な船体形状とあわせて「白鳥」と言われていた。太平洋戦争期間中、二八回の行動で約三万人の傷病兵を送り届けたという。戦前に建造された現存する唯一の貨客船であり、ぜひ一度見学をお勧めする。

横浜の山下公園に今も優美な姿を浮かべる『氷川丸』。戦後復員輸送や一般法人の引き上げ輸送に従事した後、戦前就航していたシアトル航路に復帰したが、1960年に引退、翌年からこの地に係留されている（写真／ Yoshitaka/PIXTA）

「あっ看護婦がシャワーを浴びております！」

隊長は操縦が忙しく、双眼鏡を覗くことができない。地団駄を踏んで悔しがったが、もちろん偵察員のジョークである。

ところで、国際法で守られている病院船も、決して安全とは言えなかった。日本海軍で特設病院船は計七隻。いずれも国際赤十字に登録した正式な病院船として戦地を巡回したが、そのうち二隻は敵の爆撃で撃沈された。

ある時、『伊一二潜』がオーストラリア東岸で大型商船を発見。四時間あまり追跡してみると、それは敵の病院船だった。艦長はただちに攻撃中止を命じた。しかし艦内は収まらない。「敵もやっていることではないか。お互い様だ！」とどよめき、苛立った。しかし艦長は、司令塔で決然とこう言った。

「敵がどんな仕打ちをしようと、国際法は国際法だ。病院船と認めた以上、人道を無視した行動はとれない。法を無視することはすでに敗者のやることであり、負けである。艦長として攻撃は断念する」

この艦長こそは、部下から高潔で温情あふれる人格者として慕われ、後に戦死し二階級特進を果たす松村寛治艦長である。*2

小生は『氷川丸』を見るとシャワーの話と松村艦長の逸話を思い出す。

*2　松村寛治は日本海軍の潜水艦長で二階級特進の栄誉を得た三名のうちの一人で、戦死後に海軍中将になった。一一隻の連合国の艦船を撃沈破しており、大佐に進級して潜水隊司令として『伊一七七』で戦死している。他の二階級特進の艦長は木梨鷹一、福村利明で、共に海軍少将になっている。

相手より先に吹くか それとも後か

挨拶はラッパの音色

こんにちは、ありがとう、こんばんは……。挨拶は魔法の言葉だという歌が、つい先日まで耳を離れなかった。いつの時代も挨拶が大切であることは言うまでもないが、このような歌がテレビCMで流されることが、現在の「無縁社会」を物語っているのかも。筆者の会社でも、社内での挨拶を励行しようとスローガンを作ったほどだ。

NAVYの世界では、挨拶に関して厳格である。艦同士が洋上ですれ違う時、挨拶は絶対欠かせない。当然、指揮官同士、階級が下の者から先に挨拶しなければならない。

海上自衛隊の場合、例えば「海将補旗」を掲げた艦と「隊司令旗」の艦がすれ違う際は下級者の艦、つまり隊司令の艦が先にラッパを吹いて敬礼をするのだ。その後に当然ながら上級者の艦もラッパで答礼を返す。

同じ階級の旗であったりした場合は先任順、すなわち「飯の数《メンコ》」がモノを言う。事前に相手の指揮官を把握していない時は、どちらが先任かを急いで確認する必要がある。これが相手が水上艦であれば、艦番号が表記されているから視界さえ良ければすぐに判明する。*1

ところが、相手が潜水艦だったりすると少々やっかいである。なにしろ潜水艦は「海の忍者」である。みんな真っ黒で艦番号も書いていない。潜水艦同士は、お互い身内なので双眼鏡でセイルの上にいる乗員の顔を見て判断できるため、まだなんとかなる。「某

*1 かつて海上自衛隊の水上艦は船腹に艦名を書いていたが、一九六九年六月二〇日以降から消えている。潜水艦に表記されている艦番号は、昭和五一年九月二五日から廃止されている。ただ、水上艦も艦首の艦番号も、以前は遠くからでも双眼鏡があればよく識別できたが、最近は低視認性塗装が取り入れられ、グレーで薄くなったことにより非常に見分けがつきにくくなった。

潜水艦のセイル上で響き渡るラッパの音。潜水艦同士ならまだしも、水上艦から見た潜水艦は艦名が分からず、相手が先任か否か判断に迷うことがあるという（写真／Ｊシップス編集部）

艦長が見えます。『○○しお』です」と判断して挨拶の手順を決められるのだ。やっかいなのは、護衛艦にとっての潜水艦である。

潜水艦からは護衛艦の艦番号がすぐに分かるが、その逆は難しい。双眼鏡を覗いても、同期でもない限り部隊が違うから誰だか分からない。その場合は、ギリギリまで様子を伺うのだ。相手の艦が近づき、そのタイミングで先にラッパを吹かないのならば「あっちが先輩だ！」とばかりにあわてて挨拶するのである。[*2]

万が一、欠礼などしたら大変だ。「おはようございます。お忙しいようですね」などと、発光信号でチクリとくる。

こうしたＮＡＶＹのしきたりを見聞きして、改めて挨拶の大切さを知った筆者も、会社ではちゃんと違い人には先に挨拶をするよう心かげている。だが、なかにはエレベーターで一緒になって挨拶をしても、まったく返してくれない人がいる。知らん顔なのだ。やはり偉い人ほどお手本を見せて欲しいものだが、こういう御方には一度、海上自衛隊の観艦式を見学してもらったら良いかもしれない。

観艦式では、受閲艦から観閲艦に整然とラッパで挨拶して、観閲艦からもきちんと答礼がある。あの洋上でのラッパと敬礼を見れば、挨拶をする大切さ、気持ち良さがわかるはずである。ポポポポ〜ン。

*2 日本海軍や海上自衛隊で使用するラッパは、トランペットのようなピストンがなく、吹き加減だけで5つの音階を吹き分けなければならない。一人前になるためには大変な努力を要する。

組織で最終的にモノをいうのは？

器の大きい人

このたびの大震災を契機に、「頼りになるパートナーを」ということで結婚する男女が増えたそうだ。その反面、「あんな人だったとは」とガッカリして離婚する夫婦も増えたという。

戦争体験談でよく耳にするのは、普段は控えめで頼りなく見える人物が、いざ戦場では勇敢に戦ったり、抜群の勇気で仲間を救ったという話だ。逆に日頃から兵隊に威張り散らしているような者が、「対空戦闘配置につけ」で猛烈な対空戦闘の最中、気がついたら煙突の影に隠れていたという類の話も聞いたことがある。

会社においても、威張り散らしている上司が、意外と小心者だったりするからタチが悪い。やはり仕事の実務能力だけでなく、人としての「器の大きさ」や「度量」というものが、最終的にはモノをいうのではあるまいか。

筆者は元海軍の方々に、軍人としてはもちろん、一人の男として尊敬できた人物は誰ですかという質問をしたことがある。その答えに「有賀幸作《あるがこうさく》中将」の名前が挙がったことが何度もあった。ご存じ、沖縄特攻で沈没した戦艦『大和』の最後の艦長である。[*1]

有賀艦長は、戦上手で部下思い、また豪放磊落《ごうほうらいらく》な人物としてエピソードも多い。しかし彼を慕う者たちは、戦場における武勇伝ではなく、日常の些細なことが印象に残っているという。例えばこんな話だ——。

駆逐艦の艦長時代、ヘビースモーカーだった有賀さんが艦橋で喫煙していると、やがてタバコが切れてしまった。そこで部下の

*1　有賀幸作は最後の「大和」艦長として有名で、最終階級は海軍中将である。出身の長野県南信地方では「ありが」ではなく「あるが」と読む。単にユーモアあふれる人物だけではなく、戦場において指揮官としての判断は実に見事で部下の信頼と尊敬を一身に集め、「この艦長（司令）の下で艦が沈むことはない」と乗員の信頼が厚かった。

1945年4月7日、米海軍機の攻撃にさらされつつ沖縄を目指す戦艦「大和」。この時の艦長が有賀大佐で、前年11月に5代目艦長として着任していた（Photo/USN）

水兵に艦長室までタバコを取りに行かせた。

するると、その水兵は艦長に届けるついでに自分の分を一箱失敬した。彼は何度か取りに行かされるたびに、必ず失敬に及んだのだが、艦長からはなんのお咎めもない。

もちろん有賀艦長は、その水兵が一箱いただいていることを百も承知だった。その証拠に、艦長はどんな時でも、その水兵にしかタバコを頼まなくなった。これですっかり有賀さんに心酔してしまった水兵は、「艦長のためなら命もいらぬ」となったらしい。[*2]

有賀幸作という人物の「器の大きさ」が伝わってくるエピソードだが、たしかに皆に敬愛されるのもわかる男っぷりの良さである。

ところで、この話を聞かせてくれたお方に、「その水兵さんも、以後はさすがに艦長のタバコを失敬しなくなったんですね？」と聞いてみたところ、「いや、最後まで失敬してました」とのこと。

なんとも海軍らしい茶目っ気というか、その水兵さんも「大した器」だと感心してしまうのは筆者だけだろうか。

*2　このエピソードを話してくれたのは、谷川清澄元海軍少佐で、海兵六六期。駆逐艦「雷」や「嵐」に乗り組み、さまざまな海戦に参加、最前線で戦った。戦後は海上自衛隊の創成期から活躍し、佐世保地方総監を最後に海将で現役を退いている。長きにわたる海軍・海自人生の中で、最も尊敬するアドミラルは有賀幸作さんだったと断言している。

海軍伝統の厳しき指導

鉄は熱いうちに打て

今年の夏、小生の部門に女性の新入社員が配属になった。早速、上役から彼女の教育係を拝命し指導鞭撻差し上げると、この彼女、実に頭がよく、どこか品格が漂う。

よくぞ我が社に来てくれたものだと感謝しつつ、家族の話を聞いて合点がいった。なんと父方母方両方の御祖父が海軍兵学校出身だという。海軍ファンの小生としては……もとい、教育係の小生としては、責任重大である。せっかくの逸材、最初が肝心だ。

しかし厳しすぎても、なかなか新人はついてこない。昨今の若者は優秀な人が多いが難しい。美点凝視か欠点是正か悩みはつきない。そこで小生が出した結論は、多少厳しくても、今は理解されなくとも、将来本人に良かったと思ってもらえる指導を行おうということだ。

――こんな話がある。戦後まもなく、海上自衛隊発足初期の頃。当初は田浦の第二術科学校で行われていた幹部候補生の教育を、江田島にある兵学校の地に移転して実施することになった。*1

元海軍士官が多い教官たちは、俄然「海軍魂」に火がついた。途端に候補生を海軍式に厳しく指導するようになったのだ。特に起床動作は一段と苛烈で、海軍伝統の「総員起こし」が復活した。号令とともに飛び起き、すばやく身支度を整えるやグラウンドに駆け足、朝も暗いうちから海軍体操である。

これに反発した幹部候補生たちの間では、時代錯誤じゃないかという不満の声が高まった。そんなある日の消灯後、一人の教官

---

*1 海上自衛隊の幹部教育は一九五三年九月に警備隊術科学校が田浦に発足したことにより、同校に移されている。警備隊術科学校が新設された田浦には、日本海軍時代の水雷学校があった。後に海上自衛隊術科学校、同横須賀分校を経て現在の第二術科学校となっており、主に機関科の専門分野を学ぶ術科学校となっている。一九五七年五月に幹部候補生学校が新編されると、広島県の江田島の日本海軍兵学校のあった地に移転した。

江田島の海上自衛隊幹部候補生学校で、晴れて卒業式を迎えた海上自衛隊の幹部候補生たち。背景に見える赤レンガの幹部候補生学校本館は、かつては海軍兵学校生徒館だった(写真／Ｊシップス編集部)

が体育館に呼び出され、候補生全員から朝の「総員起こし」は止めてほしいと嘆願された。しかし教官は、穏やかにこう諭したという。

「何事も基礎が大切である。総員起こしは貴様らにとって、必ずためになる。不満に思うのは分かるが、卒業まで続けさせてもらう。ただし、貴様らは数年たてば今度は教官としてこの江田島に帰ってくるから、嫌ならそのとき廃止しろ」。

こう言われては、さすがに反論はできない。結局、彼らは卒業まで「総員起こし」をやりぬいた。

数年経ったある日、別の配置に異動となっていた元教官は、久しぶりに江田島を訪れた。

「そういえば、あの幹部候補生の何人かは、そろそろ教官配置だな」と気になって早起きしてみると、驚いた。立派に「総員起こし」をやらせている。しかも、あれだけ文句を言っていた新教官たちが、「貴様らたるんでおる。俺たちが候補生の時は、こんなもんじゃなかった……」と言い聞かせているではないか。

これを見た元教官、苦笑しつつ自分のやってきたことは間違っていなかったと確信したそうである。

というわけで、さぁ新人さん、厳しく行きますよ。

S、KA、P、R——
大きな声で言えない話

海軍や海上自衛隊のこぼれ話をお届けする当エッセイも、早いもので連載一〇回目。今回は避けて通れぬ話題、いわゆる「へそ」から下の話をしよう。その中でも海軍ならではの隠語について触れたいと思う。

日本海軍は、イギリス海軍に学んだことから、特に士官は海軍軍人である前に立派な紳士になれと教育を受けてきた。よって公務は当然のこと、私事に至るも海軍士官の品格を保つことに万事やかましかった。

金銭にまつわる件は当然のこと、料亭で遊んだり、外で食事をする時には一流の店に行けとか、素人の女性に手を出すなとか、とにかく「スマートであること」を要求されたという。

そんな中、生まれたのが海軍の隠語である。これには一冊の本になるほど多種多様なものがあるが、失礼ながら大抵は他愛のないものが多かった。

例えば、芸者はシンガーをとって、「エス（S）」。芸者遊びは「エスプレイ」。奥さんは「かかあ」だから「ケーエー（KA）」。性格の良い人を「ハートナイス」と言うので、それをヒントに「ギアナイス」は……想像にお任せする。*1

これらの隠語を駆使すれば。公衆の面前で「この前知り合ったエスは、ハートナイスでおまけにギアナイスで素晴らしかった。ケーエーには内緒だ」などと会話してもなかなか外部の人には分からない。要は品格を求められる海軍さんが、人に聞かれてはま

*1　この種の隠語は、士官が下士官兵に対して指揮・統率・管理上によろしくないとして生まれた用語である。しかし他愛もないというか、単純なものが多いので、下士官や水兵さんも使わないだけで恐らく長く海軍に勤務していればだいたいの意味は理解していたと思われる。

当時の海軍士官はみなスマートで、秀才の集まる海軍兵学校を出たエリートだった。その彼らが下世話ながら単純な隠語を喜々として使っていたのだから、ある意味微笑ましい（写真提供／勝目純也）

ずい内容を語るのに便利だったわけだ。

ところで、海軍さんは大抵「のんべえ」か「すけべえ」だといわれ、両方得意な人を「だぶるべえ」と称した。抗生物質などがない時代、「すけべえ」は性病にかかると厄介だった。しかし、これは大きな声で言うわけにはいかないので、隠語が活躍することになる。俗に梅毒を「プラム（P）」、淋病を「アール（R）」と言った。真偽のほどはわからないが、三回「アール」にならないと艦長にはなれないとして、「スリーアール・メイクキャプテン」と言われたとか。[*2]

さらに具合が悪い睾丸炎は、当時は子供ができなくなるとされていたため「ノーボール」と呼ばれた。なかなか言い得て妙である。普段は真面目一徹、悪い遊びはしないのに、たまたまクラスの悪友に誘われて断り切れずご愉快に及んだところ、たった一度のエスプレイで睾丸炎になってしまった不運な人を「ワンストライク・ノーボール」と称した。これに対して、「エンゲ」（婚約者）に病気を内緒で「マリって」（結婚して）、めでたく「ベビる」（赤ちゃんが生まれる）と、「ワンストライク・ワンボール」と言ったそうだ。ここまでくると、もはや隠語も芸術的である。

でも今回の内容、品格を重んじる、「歴史群像」の編集長殿に没にされるかもしれないなぁ……。

*2　淋病の急性患者には酒は禁物なので、宴会などではお銚子に酒ではなくお茶を入れ、区別できるようにゴムバンドを巻いていた。そこですぐにあいつは「R」だと分かったそうである。梅毒は今ではペニシリンを処方するが、当時もサルバルサンという特効薬があった。通称「606号」と称したが、なぜ606号かというと、606回目の実験で開発に成功したからだそうである。

海軍の「良き伝統」(?)
愛すべき「ヘル談」

おかげさまで好評をいただいた前号に引き続き、今回も「へそから下の話」にお付き合い願いたい。「隠語」とならび、海軍の伝統とし忘れてはならないのが「ヘル談」だ。聞きなれぬ言葉であるが、早い話が「猥談」である。[*1]

男所帯の狭い艦内で、楽しみの一つといえば猥談だった。もっとも、ヘル談は単純に笑える陽気なもので、露骨な表現や陰湿なものは好まれなかった。上質なヘル談は、深窓のご令嬢が「くすっ」と笑うものが理想とされていた。

そもそも「ヘル」とは助平(すけべえ)のことで、「助ける」の英語「HELP」からきているそうである。

ちなみに、夜中に佐世保を出る寝台列車は「ヘルトレイン」と呼ばれた。これは横須賀や呉に転勤する士官が、佐世保の芸者と別れを惜しんだのち、この終列車に乗れば翌朝の着任にギリギリ間に合うことから、その名がついている。[*2]

星の数ほどあるヘル談を紹介するのは枚挙に暇がないのだが、少しだけご披露しよう――。

海軍さんは愛妻家が多い。よって艦隊が出港するとしばらく奥さんに会えないので、前の晩は夫婦で別れを惜しむ人が多かった。ところが狭い官舎住まいだと、子供が起きていては具合が悪い。

奥さんは子供に昼寝をさせず、夜の早いうちに寝かせようとしたが、こういう時に限ってなかなか寝てくれない。困った奥さんは添い寝をしてみるが、やはりうまくいかない。気が気でないご

*1 現代と異なり、狭い艦内での楽しみ、娯楽は今より少なく、男所帯なので、「猥談」が好まれた。ただ士官の間で交わされるので、「猥談」は笑いころげる明るいもので、「ヘル談」とは区別されていたという。

*2 ヘル談のヘルは本文中にあるように英語「HELP」からきている。そのためヘルソング、ヘルペー(行為の後の始末をするちり紙)など、たくさんの応用があった。

横須賀、呉、佐世保、舞鶴――かつて鎮守府の所在していた街の駅ではヘルトレインとともにさまざまなドラマが繰り広げられただろう。横須賀駅は昭和15年の改築で、往時の姿をとどめている（写真／Ｊシップス編集部）

主人が「まだ寝ないのか」と聞くと、奥さんは「まだ、まだ」と言って手をふって知らせる。

何度か繰り返すうちに、奥さんは疲れて寝てしまった。それに気がつかないご主人、「おい、まだか」と聞くや、子供が小さな手をふり「まだまだ」と言ったとか。

もう一つ、筆者の好きな話に、「最近すっかり記憶力と性欲が衰えた」と嘆く老士官の話がある。

ある夜、ふと目が覚めスモール（小便）に起きたら、何ヵ月ぶりかでメーターが上がり「ラ（男性のシンボル）」がスタンしている。急いでバアサンを起こし、久しぶりに一戦交えようとすると、「なんですか年甲斐もなく。たった今すませて、お手洗いに行ったばかりじゃありませんか！」と怒られたそうな。

そのものズバリではない、なんとも言えない可笑しさが海軍のヘル談にはあった。他愛もないと言ってしまえばそれまでだが、厳しい緊張状態を強いられる任務の中で、気分転換のための潤滑油となったことだろう。

今は、なんでもストレートな刺激を求める時代であるがゆえに、情緒的で控え目なヘル談は流行らないかもしれない。海軍の「良き伝統」（？）が、海上自衛隊にも引き継がれていることを祈るのみである。

ベテラン艦長といえども人の子

意見具申と指揮官の度量

昨年だったか、ある球団のトップとナンバー2の確執が世間を賑わせた。トップに対して部下が意見具申をするのは大切だが、手段を誤れば自分の立場が危うくなるという典型例だった。

元海軍士官の中には、「たとえ階級が低くとも、日本海軍では正しいことを主張すれば、誰かがちゃんと評価をしてくれた」と振り返る人が少なくない。理不尽な上官に対して正しき反抗をしたら、その上官が飛ばされた例もあったという。

一方、米海軍では艦長に対して常に疑問や反対意見を述べるのが、副長の任務の一つだそうだ。しかし日本社会では、これはなかなか難しい。上官が実力者である場合はなおさらだ。ただ、名艦長でも錯誤や見落としをすることはある。これは海上自衛隊での話——。

某艦長は海軍出身で操艦技量には定評のあるベテランだった。ところが、ある日の入港の際、あまりに天気も景色も良かったため油断が出た、艦の行き足を止める「後進」の指示を出し忘れてしまったのだ。

艦はどんどん岸壁に近づいていくが、一向に速度は落ちない。艦橋にいる部下は、まさか艦長が「後進」を忘れているとは夢にも思っていない。何か考えがあるのだろうと、指示を待っていた。しかし、さすがにこれ以上は危ないとなった時、航海長が思わず「艦長、後進をかけてください！」と言った。普通は艦長に指示することなどあり得ない。間違っていると思ったら、まず現状を報告

入港する「そうりゅう」型潜水艦。出入港時は事故の発生しやすい局面であり、通常は艦長が直接操艦するが、部下からのリコメンドを容れられる度量が安全な運航を担保するのだ（写真／Ｊシップス編集部）

するのが部下のたしなみである。ところがこの時は、そんな余裕はなかった。

艦長はハッと我に返り、あわてて「後進一杯」をかけた。幸い航海長の機転と艦長の対処が正しかったおかげで、艦はギリギリの位置で無事に停止した。ベテラン艦長といえども人の子、絶対はないのだ。ちなみに、事情を知らずに岸壁から見ていた出迎えの人たちは、「なんと凄い入港だ。さすが海軍さん出身の艦長は違う！」と、賞賛の嵐だったとか。[*1]

もう一つ、潜水艦の副長を務めた後、長い陸上勤務を経てから潜水艦長拝命したお方の逸話を紹介しよう。

すっかり潮気が抜けてしまったと思った新艦長は、部下の各科長に着任早々、こう訓示した。

「いいかお前ら。俺はいつでも聞くし、怒ったりしないから、おかしいと思ったらどんなことでも遠慮なくリコメンドしてくれ。じゃないと、お前ら死ぬぞ」[*2]

これには部下一同、思わず真顔でうなずいたそうだ。そしてこの艦長の任期中、同艦は事故どころか常に優秀な訓練成績を残したという。

我々もＮＡＶＹに学び、正しいと思ったら勇気を出して、上司にちゃんと意見具申しよう。

*1　このエピソードは日本海軍で甲標的の第一六期艇長講習員だった植田一雄元海将から聞いた話。練習艦艦長として真珠湾に入港した際のエピソードで、甲標的に強い思い入れがある植田氏は、岩佐艇や横山艇を想い、操艦の号令を忘れたと語ってくれた。

*2　こちらのエピソードは元海上自衛隊の潜水艦長だった吉村研二氏の逸話。潜水艦の副長を務めた後に陸上配置が長く、諦めかけていた艦長の配置を受けて部下にリコメンドを厳命した時のことである。部下のリコメンドが分かり切ったことであっても、指揮官として「ありがとう。助かった」と言える度量が部下を大きく成長させ、「このおやじのためには」と尽くしてくれるのだという。

土壇場で発揮される勇気とは

咄嗟のまこと

偉大な英国人として知られるウィンストン・チャーチルに、「金を失っても気にするな。名誉を失ってもまだ大丈夫。でも、勇気を失ってしまったらすべて終わりだ」という名言がある。

ひと言に「勇気」といっても幅は広い

サラリーマンが会社で上役に異議を唱えるのも勇気のいる行動には違いない。しかしその究極にあるのは、やはり生死がかかった「戦場」における勇気ではなかろうか。

筆者は、極めて失礼とは承知の上で、それこそ勇気をふるって、元海軍の方々に聞いてみる質問がある。「戦闘中に、自分が見苦しい振る舞いをしないか、心配になったことはありませんか」と。

数多の戦場を経験した強兵たちは、

「弾に当たったら死ぬだけだと思ったら、あとは平気でした」

「下手に大怪我をするくらいなら、いっそひと思いに戦死がいいと思い、覚悟を決めました」

などと語ってくれる。腹をくくることによって、勇気がわいてくるのだろうか。

逆の例としては、「対空戦闘が始まったら、日頃は威張っていた上官が煙突の影に隠れた」とか、その手の逸話は枚挙にいとまがない。

要するに追い込まれた時に自分がどうなるかは、その時にならないと分からないのだ。いわゆる「咄嗟のまこと」なので、自分が平素からどんな鍛錬をすれば、いざという時に勇気が出せるのか想像もつかない。

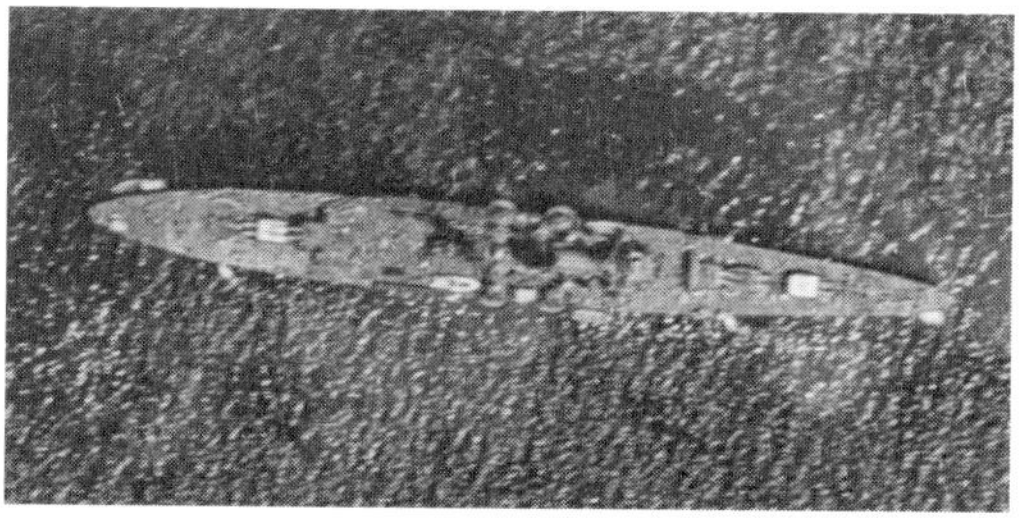

昭和18年に米軍機から撮影された重巡「熊野」。左近允氏は開戦時から「熊野」に乗艦、昭和19年に撃沈されるまで同艦に勤務し、幾度も死線をくぐり抜けた（Photo/USN）

勇気はもちろん、男性だけのものではない。むしろイザという時は女性の方が強いという話もある。重巡「熊野」に乗組み、レイテ沖海戦で損傷を受け、その後沈没した中でも生還を果たした左近允尚敏氏の母堂にまつわるエピソードを紹介しよう。*1

戦前のある時、左近允家の近くで火事があったそうだ。近所にはあの「沖縄県民かく戦えり」の電文で有名な大田実（のちに中将）の家があり、たまたま彼も在宅していた。*2

大田閣下は、日頃からお付き合いのある左近允家は主人も息子も不在のはずだから、これは大変だと左近允家に駆け込み、避難を促した。

ところが左近允氏の母堂はすでに避難に備えて化粧をしておられ、駆けつけた大田閣下に向かって、

「風向きから見て、すぐに避難するには及びません、おうろたえ召されるな」

と静かに仰ったとか。これは大田家に伝わる伝説で、左近允氏いわく「そんなこと、大田さんに母が言うわけないですから創作ですよ」と笑うが、火の手が迫る中で、母堂が沈着冷静であったことに疑いはない。

土壇場で発揮される勇気とは、日頃の鍛錬や覚悟、ましてや男女の差などでどうこうなるものではなく、本人の「資質」によるものなのかもしれない。

残念ながら小市民の筆者はしょっちゅう「おうろたえ召され」ている。いろいろと……。

---

*1　左近允尚敏氏は海兵七二期で、重巡「熊野」、駆逐艦「梨」の勤務で二度の沈没にも生還した軍歴をもっている。父は左近允尚正海軍中将、兄は駆逐艦「島風」で戦死した左近允正章海軍大尉である。戦後は海上自衛隊に進み、練習艦隊司令官や統幕学校長などを歴任、海将で退官している。

*2　大田実海軍中将は、「沖縄県民斯く戦へリ」の最期の電報を発したことで知られる沖縄の根拠地隊司令官である。このエピソードは大田実の一一人の子供の三男で、ペルシャ湾掃海派遣部隊の指揮官だった落合畯元海将補（母親の兄に養子にいったので落合姓となった）から聞いた話で、大田家と左近允家は近所で普段から交流があった。

下着の数は防衛機密？

潜水艦乗りの日常生活

潜水艦が防衛上重視されるのは、その隠密性が大きな抑止力となるからだ。このため潜水艦は運用の実態を秘密にするべく、目的地や任務、帰港する日程などは機密事項とされる。

海上自衛隊では、家族にさえ帰港日を知らせてはならないそうだ。ところが潜水艦乗りの奥さんは、亭主の生活リズムをよく知っているので、だいたいの帰港日が分かるという。

鍵となるのは下着の持参枚数だそうで、「うちの亭主は三日に一度シャワーを浴びる。下着を五セット持って行ったなら、約二週間は帰ってこない」となるそうだ。

そもそも艦艇、特に掃海艇などの小型艦では水を贅沢に使うことはできない。潜水艦なら「真水管制」なんて言わなくても水の節約は当たり前である。ひと昔前は、シャワーはもちろんのこと、洗面も歯磨きも許可がなければできなかった。[*1]

ところが、入浴日を限定する方が、かえって水の消費量が多いという事実が判明した。つまり「何日ごとに一度」と決められると、そのタイミングを逃したら次は数日後となるので、無理にでも浴びておこうという雰囲気になる。一方、「毎日シャワー可」と決めても、実際に毎日浴びる人はいないそうだ。各々のペースで浴びるため、結果的に水の消費量が少なくなるのだとか。[*2]

毎日シャワーを浴びない理由の一つに、替えの下着の枚数問題が挙げられる。

潜水艦は水中で行動するので、浮力と重量、そして前後左右の

*1　原子力潜水艦を除けば、古今東西、昔から潜水艦で真水は極めて貴重だった。特に初期の海上自衛隊の潜水艦ではシャワーはおろか洗面・歯磨きまで規制されていたという。後に潜水艦隊司令官までなった元潜水艦乗りは、実習幹部時代にうっかりシャワーが禁止の日に歯磨きをし、若い下級の隊員から「実習幹部、何をしているんですか」と怒られたという。それだけ真水は貴重とされた時代があった。

*2　最近の海上自衛隊の潜水艦では特に毎日シャワーを浴びても咎められることはないという。もっとも、潜水艦の艦内は多数の精密機器を守るため、夏場なども冷房がよく効いている。終日艦内にいるため汗はかきにくく、シャワーを毎日浴びなくても済むのだという。

海自の最新潜水艦「たいげい」型の科員居住区。ベッド下の収納スペースが私物を収める場所で、収められた下着の枚数はある意味“防衛機密”かもしれない。三段ベッドは確かに狭いが、住めば都で意外に快適である（写真／Ｊシップス編集部）

釣り合いを保たねばならない。燃料や食糧を消費して艦が軽くなれば、その分海水を入れてバランスをとる必要が生じる。当然、艦内に持ち込まれる物品の重量は厳しくチェックされる。私物も余計なものは持ち込めないから、下着の枚数は最低限ということになるわけだ。

普段の任務なら、それほど長期間になることは少ないらしいが、例えばハワイでの日米共同訓練の場合、一カ月は潜り通しになる。そこである乗員は、海水パンツの活用を思いついた。水着は撥水効果が高く乾きも早い。シャワーの時だけ脱いで、またすぐ乾かして身につければ、替えの下着を持っていかなくても済むではないか！

これは名案だと自画自賛した彼だったが、ことはそれで済まなかった。なんとハワイに着いたら、白癬菌《はくせんきん》というカビの一種が股間部に発症し、アメリカ人医師に「こんなヒドイのは今まで見たことない」と驚かれたのであった。

ちなみに少し解説すると、白癬菌は感染した部位によって呼び名が異なる。足なら「水虫」、頭は「シラクモ」となり、彼の場合は股間部だから「インキンタムシ」である。

過酷な潜水艦勤務とはいえ、下着はやはり替えないと、イザというとき痒くては任務に支障をきたす。「インキン」には専守防衛ではなく、早めの先制攻撃が必要である。

「正直は最善の策」か──

許される嘘とユーモア精神

小生の本業は営業職である。仕事を長く続けていると、部下の報告になんとなく違和感を覚える時がある。証拠はないが、報告に誤魔化しがあるように感じるのだ。自分も同じことを駆け出しの頃にやっているから、下手な嘘は通用しないのである。

「正直は最善の策」という教えがあるが、なんでもかんでも馬鹿正直に、とはいかないのも現実だ。もちろん自分のためだけにつく嘘は信頼を損なうだけだが、人のためを思ってつく嘘ならば、許される場合もあるのではなかろうか。

ところで、人の嘘を見抜いたとき、それが大きな問題ではないレベルならば、ユーモア精神をもって対応するというのも器量の見せどころだろう。小生の会社のお客様に、粋な返しをされたお方がいる。

ある日、プリンタのトナーを受注した営業担当者が、間違えて二桁多い金額で請求してしまった。誤りに気づいたお客様からの問い合わせに担当者は、

「すみません。このトナー、じつは金粉入りなんです」

と言った。これを聞いたお客様、

「あっ、そうなんですか。じゃあ普通のでいいです」

と返したとか。これは担当者とお客様の信頼関係があってこそのジョークだが、なかなかである。

海上自衛隊にも、粋な指揮官の逸話がある。戦後まもない食糧難のころの話──。

古き良き時代の「F作業」。一日の訓練が終わり、錨泊中の艦上から釣り糸を垂れる隊員たちの間にはゆったりとした時間が流れる。これくらいの余暇は認められてもいいのではないだろうか（写真／Jシップス編集部）

護衛隊で爆雷訓練が行われた。潜水艦が伏在すると想定した海域に迅速に到達し、的確な深度調整を施した爆雷を投下する訓練である。本物の実爆雷を水中で爆発させるそうだ。*1

当然、周囲は漁船などの立ち入りを禁止するのだが、爆雷の水圧によって、たくさんの魚が巻き添えを食う。なんせ今と違って食糧には苦労していた時代であるし、プカプカ浮いている新鮮な魚を放っておく手はない。そこで禁止と分かっていながら、某護衛艦の艦長は司令の艦の陰になる位置に停泊して内火艇を降ろし、素早く魚をすくい上げにかかった。

今晩の献立に尾頭付きとくれば、艦内の士気は大いに上がる。しかし素早くといっても、艦の人数分を確保するのは大変である。そのうち、司令から発光信号がきた。*2

「まずい。なんだ、読め」「発シ（司令の略）宛カ（艦長の略）何ヲシテイルカ」

あわてた護衛艦の艦長からの返信。

「発カ宛シ 只今 溺者救助訓練中ナリ」

すると、司令の艦からすぐさま応信が届いた。

「当艦ニモ 新鮮ナ溺者ヲ マワサレタシ」

これには一本とられた。せっせと司令の艦の分まで〝溺者〟を救い上げたことは言うまでもない。さすが先輩には、下手な嘘は通用しなかった。

*1 海上自衛隊の訓練は勝手に行うことはできない。訓練海域で訓練期間中の海面（海中）使用の許可、海域によっては使用料も払わなくてはならない。よって何日から訓練に使用開始となれば午前零時からすぐ最大限に使えるように準備万端整えているのである。

*2 日本海軍でも海上自衛隊でも航海中での釣りは当然禁止である。ただし平時、泊地に錨泊などした時には艦長の許可もしくは黙認で釣り糸を垂らしていたようである。海上自衛隊も古き良き時代に「F作業」と称して釣りをしていた。FとはFishingの略である。日本海軍ではト作業というのは聞いたことはないが、女性にふられることを「Fられる」と言っていた。

Column

攻撃を重視し過ぎた日本海軍

明治3（1870）年2月、明治新政府兵部省の下に海軍掛が設置され、組織として日本海軍が始まった。最初は幕府が有していた軍艦14隻、運送船3隻からのスタートで、さらにオランダ式からイギリス海軍を範として発展していくこになる。そして明治5（1872）年2月に兵武省が分割され、海軍省が独立する。日本海軍の創設はこの海軍省が誕生した明治5年を指す。

この後創設からわずか22年で当時の大国であった清と日清戦争を戦い、創設32年で日露戦争に勝利する。こう考えるといかに急速に成長したかが分かるだろう。

当時の欧米先進国の海軍は、植民地からの交易に使われた商船を「守る」存在として発展した。しかし19世紀後半の明治維新まで日本は鎖国下にあり、創設された海軍の軍備が「攻める」海軍として急速に進化したことに特長がある。

大陸国家と異なり、もともと海に囲まれ、少しでも衰退したり油断すると隣国から侵略されるといった歴史のなかった日本は、守りに経験も関心も低いとされる。このことから日本軍の特長として「攻めるを重んじ、守るを軽んずる」国民性が育まれた。これは日本海軍の戦術や兵器類にも顕著に表れる。

例えば駆逐艦を例にとると、欧米海軍の駆逐艦はもともと魚雷を抱いて肉迫してくる水雷艇を駆逐し、船団や主力艦を守る艦種として発展した。最終的には水雷艇は廃れ、大型で汎用性の高い駆逐艦が発達していった。

これに対して日本海軍は駆逐艦を攻める艦として発展させていく。3～4隻で駆逐隊を編成し、さらに3ないし4個の駆逐隊で水雷戦隊を編成。秘密兵器の酸素魚雷を切り札に、得意の夜戦で敵艦隊に肉迫し、一斉に魚雷を放ち敵に損害を与え、その後の艦隊決戦を有利に展開するという役割だ。

いざ開戦すると、米英の駆逐艦は対空、対潜戦において特に力を発揮し、日本海軍を苦しめた。「攻撃は最大の防御」とは言い切れない戦争になっていたのである。

航空機はさらにその傾向が顕著かもしれない。零戦や九七式艦攻、一式陸攻など、機体としての性能は極めて高く、特に零戦などは戦争初期無敵を誇ったが、その反面防御力を犠牲にしていたのだ。一式陸攻に至っては被弾するとすぐ発火するので、「ワンショット・ライター」と揶揄されたほど。日本は守りに弱く、防御装備にもそれが現れていたのである。

第二章

平成二五（二〇一三）年〜平成二七（二〇一五）年

「残り香」の苦悶と「自爆事故」の恐怖

潜水艦のトイレ事情

今回はせっかくの新年号なのに、編集長からトイレの話を書けと言われてしまった。小生としては、年の初めから尾籠な話はいかがなものかとも思ったが、編集長殿には逆らえないので仕方がない。

　さて、艦のトイレといえば水上艦はともかく、大変なのは潜水艦である。日本海軍の潜水艦にまつわるトイレ苦労話は、枚挙にいとまがない。伊号潜水艦のトイレ（厠）は水洗式だが、手動でポンプ・レバーを操作して汚水を艦外へ排出する方式だった。このため潜望鏡深度以上に潜った場合は水圧に勝てず、使用不能になってしまう。よって長時間潜航の際は我慢をするか、バケツなどに用を足していたそうだ。*1

　さすがに現在の海上自衛隊ではそのような苦労はない。とはいえ、水上艦なら用が済んだあとにコックを回して水を流すだけでよいが、潜水艦のトイレでは、二つの弁の操作が必要となる。まず清浄海水弁で海水を流し、それから開閉弁を操作して、「グレート」や「スモール」*2をサニタリー・タンクに落とさなくてはならないのだ。食事やシャワーなどで使用した汚水もこのタンクに貯まるので、満杯になったら艦外に排出するという仕組みである。*3

　日本の場合、乗員一〇〇名以下の船舶なら、沿岸部より一定距離があれば汚水を艦外へ排出することができる。問題はその後の処理だ。最近の「おやしお」型や「そうりゅう」型以降ではポンプの圧力により汚水を直接艦外に放出できるようになっているが、

*1　日本海軍時代の潜水艦のトイレは艦内に士官用と兵員用の厠があり、水密区画ではない艦橋にも厠があった。浮上航行していた艦橋内の厠で用を足している場合、急速潜航になったらとひやひやしながら腰かけていたそうである。

*2　「グレート」「スモール」については12ページを参照のこと。

*3　海上自衛隊の潜水艦のトイレは清潔で、大小兼用の西洋式トイレに国内では最初にウォシュレット機能付きを採用している。操作は二段階で、用を済ませたらバルブを回すか、コックをひねって海水を流して便器に溜め、ハンドル操作で溜まった海水とともに排泄物をサニタリータンクに流すのである。

『おやしお』型の便所。左手に見えるコックをひねって海水を流して便器に水を溜めたら、右手のレバーを握りこんで引き、フラッパー弁を開いて、排泄物を流す（写真／柿谷哲也）

一昔前は空気圧を利用していた。そのため汚水を排出し終えたら、タンク内に残る高圧空気を艦内に逃がして気圧を整える必要があった。もちろん、シュノーケル航走時に換気を行いながら実施するわけだが、その「残り香」は忍耐強い潜水艦乗りでも耐え難いものだという。

また、注意せねばならなかったのが、汚水の排出作業（ブロー）中はトイレが使用禁止になることだった。高圧空気がタンク内にあるのに開閉弁を開けてしまうと、タンクの気圧が艦内より高いため、自分の排泄物が一気に逆流してしまうのである。その凄惨な現場は、すべて自らの手で清めなくてはならない。よってブロー中は、入り口に札をぶらさげて事故を防止するのだが、それでも年何度か「自爆事故」が起こったという。

ある時、幹部区画で皆が夜の身支度をしていたら、トイレで「ボン！」という音がした「あぁ、やっちまった。いったい誰だ」と、一斉にトイレに注目すると、なんと隊司令だった。皆は見ないふりをして、一斉にベッドに潜り込んだそうだ。その後の始末はどうなされたのか定かではないが、ご自分のモノを全身に被弾したことは言うまでもない……。

新年早々眉を寄せる話をお贈りしたが、そこは、「ウン」が付いたということでご容赦いただこう。

垣間見える担当者のこだわり
命名にも苦労あり

来年二〇一四年に、海上自衛隊最大の護衛艦が進水する予定である。全通甲板をもつヘリコプター搭載護衛艦で、全長は「ひゅうが」型より五一メートル長い二四八メートル。これは、大戦時の空母「加賀」に匹敵する。

この最新艦が、何と命名されるか興味津々である。『ひゅうが』や『いせ』は、ご存じかつての航空戦艦と同名なので、ヘリ搭載護衛艦ＤＤＨとしては絶妙な命名であったが、果たしてこれに続く艦名は何だろう？[*1]

海上自衛隊も日本海軍と同様、艦名の付与基準がある。護衛艦には山や川、天象、気象、地方名が付けられるが、艦名の選考は海上幕僚監部総務部が取り仕切る。まず担当者が候補名をいくつか出し、部隊にアンケートを取るそうだ。命名の際には、縁起をかつぎ、悪い印象や誤解を与えるものは避けるなど、さまざまな配慮がなされる。[*2]

例えば、艦名が決まりかけていたところで急に防衛大臣が代わり、新任者名と艦名がかぶったので、大臣の名前を付けたと誤解を受けぬよう艦名が変更されたこともある。

また、同型艦には同系統の名が用いられる。「たかなみ」型なら『おおなみ』『まきなみ』と続き、「たちかぜ」型なら『あさかぜ』『さわかぜ』といった具合だ。考えるのに疲れて『つきなみ』とか『すきまかぜ』などと間の抜けた名前を付けてはいけない。

潜水艦の場合は、代々『〇〇しお』を踏襲してきた。その数は

*1　これは二隻が建造された「いずも」型のこと。1番艦『いずも』は二〇一五年、2番艦『かが』は二〇一七年に就役している。

*2　命名基準で使用される名称には、いずれにも一部共通の名前がある。例えば「ひゅうが」「いせ」は地方名の基準で採用されたが、「ひゅうがなだ」なら音響測定艦、「いせわん」なら海洋観測艦として採用することができる。「りゅう」には、すでに天竜峡に由来する訓練支援艦「てんりゅう」がある。一方イージス艦の「きりしま」は「しま」だが、「霧島」という島はないので、掃海艦艇では採用できないことになる。

ミサイル護衛艦DDGだった頃の『しまかぜ』。かつてDDGは『あまつかぜ』以来「〇〇かぜ」で統一されていた。これが変わったのはDDGがイージス艦となって以降である（写真／Ｊシップス編集部）

通算二七隻にも及ぶが、さすがに命名に困って『やえしお』『もちしお』といった日本語として馴染みのない艦名も採用された。二代目『〇〇しお』も登場し、『くろしお』などは三代目である。

そして、ＡＩＰ（非大気依存推進）機関搭載の最新型潜水艦から「しお」を脱却。命名基準を変え、瑞祥動物も可として『そうりゅう』が誕生した。海軍ファンとしては、二番艦は当然『ひりゅう』が来ると思ったが、これは叶わなかった。すでに海上保安庁の消防艇に『ひりゅう』がおり、混同を避けるためである。[*3]

命名担当者のこだわりが感じられるケースとしては、掃海艇の「はつしま」型が挙げられる。一番艦『はつしま』に続き、二番艦は『にのしま』、三番艦は『みやじま』と命名されているのだ。そうなると四番艦は『しじま』かと思いきや、担当者が交代し、こだわりがなくなったのか、『えのしま』となってしまった。

「はつしま」型に限らず、護衛艦『はつゆき』など、一番艦に「はつ」が付されることは珍しくない。それならば最新型潜水艦にもこれを適用し、「はつ」を「しお」の頭に付けてはどうかと考えた人がいたが、すぐに却下されるに至った。それもそのはず。『はつしお』とはさすがに命名できない。漢字に直してみれば、理由はお分かりだろう。

*3　エッセイの執筆当時、海上自衛隊の潜水艦は「龍」シリーズで「〇〇りゅう」と命名されていたが、最近は「鯨」シリーズとなり「〇〇げい」が採用された。潜水艦のことを「鉄鯨」と形容したりもするし、潜水艦の艦名に「鯨」はぴったりだ。しかし同型艦が続くと、若干微妙な「鯨」も現れるかもしれない……。

戦場での武士道

美しき船乗り魂

東日本大震災から二年。今だから語れる救援活動の様子がテレビで紹介されていた。

海上自衛隊や海上保安庁は言うに及ばず、実は静岡の漁師も三陸の孤立した漁村に支援物資を届けて回ったそうだ。かつて伊勢湾台風によって静岡の漁業が大打撃を受けた際、三陸の漁師が助けてくれたので、その恩を返すためにと、マグロ漁船に物資を積み込んで津波の余波が残る危険海域に出港したのだ。

しかし個人で運べる量には限界があり、物資が底を尽いた頃、水産庁の船が現れてこの漁船に合流し、力を合わせて救援活動を続けたという。その水産庁の船長の「困った時、駆けつけるのが船乗りの仁義なんです」という言葉が忘れ難い。

こうした船乗り魂は、戦後に突然生まれたものではないと思う。スラバヤ沖海戦時、撃沈した英国艦の乗員を救助した駆逐艦『雷』のエピソードは有名だろう。実はこの『雷』の航海長（当時）が、まだご健在である。その時のことを詳しくお聞きすると氏は穏やかな表情で、「美談として紹介されていますが、特別なことをしたとは思いませんでした。敵とはいえ戦に負けて目の前で泳いでいるのですから、救助するのは普通のことです」と語ってくださった。[*1]

なるほど調べてみると『雷』以外にも、敵兵を救助している艦があった。例えば伊二七潜である。

スラバヤ沖海戦と同じ頃、ニューカレドニアのヌーメア沖で、伊二七潜は商船を雷撃した。沈みゆく船から二隻のボートで脱出

*1　スラバヤ沖海戦では英巡洋艦「エクゼター」と駆逐艦「エンカウンター」を撃沈したが、四二二名の乗員が救助されている。救助にあたった駆逐艦『雷』の航海長だった谷川清澄氏に取材した際、「生存者を救助するのは当たり前」とことさらに美談として書くことをせぬように言われたのが印象深い。

平成23年3月20日、石巻市役所渡波支所避難所へ救援物資を輸送するLCAC。揚陸する場所を選ばないという特性を発揮した。この時、3自衛隊は全力で支援にあたっている（写真／海上自衛隊）

する乗員たちの様子を見ていた松村艦長は、司令に「食料をやりましょう」と言い、これを許可された。*2

問題は渡し方である。潜水艦からボートまでは三〇〇メートルほど離れており、果たしてこちらの意思が伝わるかどうか。とりあえず乾パンを詰め込んだ箱を二つ用意し、ある下士官が両手招きしながら「乾パンをやっからこっちゃ来う！」と叫んでみた。すると、さすがに東北弁は伝わらなかっただろうが、好意を察したのかボートが近寄ってきた。五〇メートルまで来たところで箱を海に投下し、乾パンを無事に受け取った乗員は、盛んにハンカチを振って謝意を表したという。

松村艦長は航海長に命じて、彼らにヌーメアまでの針路と距離を伝えさせることにした。航海長が怪しげな英語で叫ぶ。

「ヌーメア、ニジュウマイル（二〇浬）、ノースウエスト！」

それを聞いた艦長が思わず言った。「ニジュウマイルじゃわからんよ、そいつは日本語だろう」

ところで去ってゆくボートを見送った直後、敵機が来襲して伊二七に三発の爆弾を落とした。まったくの奇襲で避けようがなく、万事休すと思いきや奇跡的に全弾不発だったそうである……。

---

*2　松村寛治艦長は老練な技術や高潔で温情溢れる人柄で部下に慕われた。特に艦が厳しい時の指揮は見事で、ガ島での戦いの中、爆雷攻撃を受け機械室が浸水したことがあった。その際にも少しもあわてず「落ち着いて処理せよ」と命じ、平常と少しも変わらぬ言動であったことに乗員はつくづく感心したとある。

語呂合わせで縁起担ぎ

甘党に捧ぐ

その昔、元海軍の潜水艦乗りだったお方にちょっとしたお世話をした際、「お礼です」と虎屋の羊羹《ようかん》をいただいたことがある。恐縮する小生に対し、「海軍時代、艦内でよく虎屋の羊羹を食べましてね。懐かしくなったので差し上げます」とおっしゃるので、ありがたく頂戴した。甘党にとっては垂涎の一品である。*1

室町時代から続く老舗の和菓子屋である虎屋の羊羹が、海軍将兵に重宝されたのには少し由緒がある。

今の若い人は、「千人針」をご存じだろうか。一枚の白布に、多数（千人）の女性が赤い糸で一針ずつ縫い玉を作って、お守りとしたものである。この時、寅年の女性にその年齢分だけ縫ってもらうと、ご利益があるとされた。「虎（寅）は千里を行き、千里を帰る」の故事にあやかって、出征将兵の武運長久と生還を祈ったのである。千人針の風習は、日清戦争の頃から始まったという。

虎屋の羊羹も、その店名にちなんで戦時中は縁起物として扱われた。しかも、海軍には甘党がとても多かった。あの山本五十六長官の副官は、いつも虎屋の羊羹を切らさぬよう注意していたとか、山本長官が同期の嶋田繁太郎大将の座乗する戦艦『長門』を訪れた際、虎屋の羊羹を大量に持参したなど、さまざまな逸話が残っている。ちなみに、虎屋の軍御用達羊羹のうち海軍用は「海の勲《いさおし》」、陸軍用は「陸《くが》の誉《ほまれ》」と名付けられていたそうだ。

甘党といえば、日本海軍では「入港ぜんざい」なるものがあった。これは長い航海を経て母港へ入航する前日、乗組員に餅入りの甘

*1 虎屋の羊羹は高級品でなかなかありつけないが、日本海軍の水上艦などでは分厚く切って食べていたそうである。潜水艦では切り分けるが大変なので小さく切り割けられて包装されもの（虎屋の小型羊羹）が重宝された。

筆者の護衛艦「いせ」取材最終日、入港前日の夜にふるまわれた「入港ぜんざい」。ほどよい甘さが一緒に供された緑茶とベストマッチだった（写真／Ｊシップス編集部）

いぜんざいが振る舞われて、無事に帰投できたことを皆で祝ったのである。

実はこの風習は、現在の海上自衛隊にも受け継がれている。さすがに毎回とはいかないが、長期航海の時は帰港前日に、調理員長の裁量で夜食として、ぜんざいが振る舞われる。*2

海上自衛隊では毎週金曜日にカレーが出るというのは有名だが、これには航海中に曜日の感覚を失わないためと、帰港までのカウントダウンという意味合いがある。「あと何回カレーを食べたら、母港に帰れる」というのと同じように、ぜんざいが出たら、乗組員は「明日はいよいよ母港に上陸だ」と、ほっとすることだろう。

筆者も取材時に艦内でご相伴に預かったことがあるが、小豆がたっぷり入ったぜんざいは、甘さもほどよい感じで実に美味であった。

ところで、噂では海上自衛隊でその昔、ぜんざいと一緒に「赤まむしドリンク」が出された艦もあったとか。なかなかネイビーは余計なお世話というか、万時が行き届いていると感心してしまった。

「えっ、なんで上陸前に赤まむしドリンクが配られるの？」……それは野暮な質問だろう。

*2　入港ぜんざいは現在も海上自衛隊などで振舞われることがあるが、毎回というわけではないようである。隊員が購入できるものとしてジュース類は豊富にあっても甘味、デザート類はほとんど艦内では得られないため、アイスはどの艦でも人気だとか。

洋上で交わされる心揺さぶられる光

発光信号の妙

通信技術が進んでも、船同士の交信には発光信号*1が便利なため、今日も使用され続けている。先般、海上自衛隊の護衛艦に同乗取材をさせてもらった折も、ほかの艦とすれ違った際には、敬礼の後で発光信号によってやりとりをしていた。航海科の隊員が実に鮮やかに相手の信号を読み、信号探照灯で速やかに返信を行うのである。

発光信号は、簡単な挨拶だけにとどまらないこともある。

例えば現在も護衛艦が二隻、遠く東アフリカのソマリア沖で、海賊対処派遣部隊として任務を遂行している。その最中、海上保安庁の練習船『こじま』が、派遣隊の護衛艦『あけぼの』とジブチ沖アデン湾でエールを交わした。こうした場合、挨拶だけでなく、和歌の交換がなされることが多い。

『こじま』は発光信号で「アデン行く 舳に未来の 白光輝 照らす海路を 共に護らん」と送ってきた。これを受けた『あけぼの』は、「船端の色は違えどこの海を 護る気概に 違いなし」と返歌した。海上保安庁と海上自衛隊、立場は違うが、お互い海を護る気概に変わりはないという想いが伝わってくる、素晴らしい和歌である。

このような感動的なやりとり以外にも、発行信号は便利に使われる。本当に事故が起こった場合はそれどころではないが、ヒヤリとさせられた時などに、上級者が皮肉やユーモアを込めて発光信号でチクリと釘を刺すことがある。

ある時、掃海艇が補給のため、掃海母艦の舷側に近づいてきた。

*1 その名の通り、30センチの信号探照灯のレバー操作で前面のシャッターを開閉させて送るモールス符号。送信速度は1分間に35文字が標準とされ、送る方も受ける方も技術を要し、主に航海科員が受け持つ。

護衛艦「いせ」艦上から、行き交う僚艦へ発光信号を送る航海科員。30cm信号探照灯に取り付けられたレバーでシャッターを開閉し、モールス符号で信号を送る（写真／Jシップス編集部）

ところが、波や風の影響で母艦に接近しすぎて、一同が冷や汗をかいた。もちろん、その後の操艦で追突は避けられたのだが、掃海母艦から「頼もしき 母なる艦のでかいケツ かぶりつきそうで少しどっきり」と、お咎めの信号が送られてきたそうだ。

これもネイビー伝統のユーモア精神の面目躍如といったところだが、あまり調子に乗るとまずいことになる。例えばこんな話がある――。

太平洋大戦中、レイテ沖海戦後に傷ついた重巡洋艦『熊野』は、重巡洋艦『青葉』とともに、内地に帰投することになった。しかし、サンタクルーズ湾で『熊野』は突如、米潜水艦の魚雷を食らった。すでに艦首を損傷していた『熊野』は、これで航行不能になってしまう。その時である。被雷して間髪を入れずに『青葉』から発光信号がきた。

「我れ曳航能力なし お先に失礼」[*2]

これに『熊野』の乗組員はカチンときた。あまりにタイミングが早いし、「お先に失礼」はよけいだと――。

その後、『熊野』はさんざんな目に遭って結局沈没したが、数少ない生き残りは今でも『青葉』と聞くと、この時の信号を思い出すという。

発光信号は、単なる光の点滅による無味乾燥な通信手段ではない。感情を揺さぶる力を秘めているのだ。

*2 当時『熊野』の乗員だった左近允尚敏氏が、『青葉』の元乗員に話していたのを横で聞いたのがこのエピソード。『熊野』は「最上」型の4番艦で当初軽巡として建造され、後に主砲を換装して重巡になった。『青葉』は「青葉」型の2番艦で昭和二十年七月に米軍機の空襲を受け大破着底してしまっている。

「五分前の精神」が表す気遣い

律儀＆スマート

取材などで元海軍の方々にお会いする際、最初に気をつけているのは「時間」である。

ご自宅を訪問させてもらう場合は早めに近所まで行って待機し、約束の時間の五分前に呼び鈴を押す。海軍で言うところの「五分前の精神」を実践するわけだが、後々お付き合いが進むと「初めて来られたとき、ぴったり五分前でしたね」と覚えておられることが多い。

屋外で待ち合わせする場合は大抵早めに来られるので、こちらも少し早く到着してみると、すでにお待ちになられていて慌てることもある。そこで次はもっと早めに行くと、海軍さんは「お待たせしました」と言いつつ、次々回はさらに早めに来られるようになるから脱帽だ。

こうした海軍さんの「律儀＆スマート」な逸話は枚挙にいとまがない。[*1]

例えば、小生が長く事務局を務めている戦友会では、かつてテーブルごとに当日の会費をまとめていたが、何度か参加人数と総金額が合わないことがあった。もちろん足りないのではなく、多くて合わないのだ。事務局としては困っていたのだが、あるとき原因が分かった。[*2]

戦友会といえども、所用があるお方は中座されることがある。その際、きちんと小生に会費を払っていかれるが、クラスメートが中座する場面だけを見て「あいつはきっと会費を置いていっと

*1 日本海軍出身者の方々とお付き合いを深めると実に律儀でかつその対応がスマートであることに驚かされる。「海軍精神は身だしなみから責任感まで、とにかくスマートでした。ある意味人間の理想像に近いものを感じます」と言われたことがある。

*2 筆者がかつて事務局長を務めていた戦友会は、日本海軍の潜水艦出身者交友会「伊呂波会」である。初めて会に出席してから約三〇年が経ち、かつて親しくお話を伺った多くの方が鬼籍に入り、伊呂波会も事実上解散した。

往時の潜水艦出身者交友会「伊呂波会」40周年記念撮影。かつて潜水艦に乗って戦い抜いた歴戦の勇士たちが、昔話に花を咲かせていた（写真／勝目純也）

らん」と、黙って自分の分と仲間の分を払ってしまわれるお方がいたのである。

　また突然、小生宅へ果物が箱で送られてきたり、豪華な菓子折りが届いたりすることがある。驚いて送り主の海軍さんに理由を聞くと、「資料を送ってくれたから」とか「回想録のワープロ打ちをやってくれたから」など、果たした役務に比べて御礼が過大なのには恐縮してしまう。

　これらの振る舞いに共通することは「人に迷惑をかけてはならない。世話になったら礼を欠かさない」という、親しくなるとつい甘えてしまいがちな事柄を自ら律する、つまり「礼節をわきまえる」という生き方である。

　最後に、元海軍のお方に聞いた微笑ましいエピソードを紹介しよう。

　ある日、クラスメートから自分の奥さん宛てに封書が届いた。いぶかしんで開封してみると「ご主人の逝去を悼み、衷心より哀悼を申し上げます」とあり、香典が入っていたという。どうやら同姓のクラスメートの逝去と勘違いをしたらしい。慌てて送り主に「おい貴様、俺はまだ生きとるゾ」と電話し、まさかそのまま香典をもらうわけにもいかないので、熨斗袋に同額を入れて返金したそうだ。さらに、ただ返金するだけでは謝意が足りないと思い、虎屋の羊羹まで一緒に送ったというから、海軍さんはどこまでも律儀な方々である。

さまざまに表現された男性のシンボル

一三羽のヒヨコ

新年号は無礼講ということで、ヘソから下、ずばり〝男性のシンボルネタ〟はいかが?」と駄目元で提案したところ、意外にも編集長に快諾されてしまった。「海軍の砲撃戦の記事をやるので、大砲にひっかけていきますか」とノリノリである。

もっとも、日本海軍には男性のシンボルの大小にまつわるネタ自体は多いものの、それを大砲に喩えたという話はあまり聞かない。立派なシンボルは、艦上で重量物を揚げ降ろしするための長大な「メイン・デリック(主揭貨機)」に喩えられることが多かった。

これを綽名に取り入れることもあり、例えば小生(勝目)が「メイン・デリック」の持ち主だとすれば、「デリカツ」と呼ばれていたかもしれない。

綽名といえば、こんな話もある。

某巡洋艦に「三番」と呼ばれている士官がいた。主計長である彼は「第三分隊」ではなく、ハンモック・ナンバー(先任順位)が三番でもない。事情を知らない新任者が訝しんで周囲に尋ねたところ、その主計長のシンボルが「艦で三番目に長い」らしいからだと教えられた。一番長いのがマスト、二番目が煙突、三番目が主計長のモノだというのだ。

ところで当時、男性には「板見」と「板なめ」と「板枕」の三種類いるといわれていた。

「板見」の意味はこうだ。板張りの風呂で椅子に座って身体を洗っているとき、シンボルが床板を見ている位置にある。すなわち

上甲板に積載された石炭を炭庫へと降ろす作業中の給油艦「石廊」乗員たち。作業後の入浴は艦上生活で重要なリフレッシュ手段。そこでは当然同僚のモノを比べたりなどということもあったろう（写真提供／勝目純也）

普通、もしくは少し短いものを指す。この理屈を当てはめれば、「板なめ」と「板枕」は説明せずともお分かりだろう。

また、同じく立派なシンボルの喩えとして「スリードブンズ」という隠語があるのをご存じだろうか。

これは湯船に入るとき、まず片方の足がドブン、真ん中が入ってドブン、最後にもう片方の足がドブンの計三回という意味だ。よって「ドブンズ」と複数系になっていないとダメなのである。

海軍の下ネタは、どこか明るくあっけらかんとしており、いやらしさがない。その極めつけとも言えるのが。「一二三ピヨピヨ」である。

当然、非常に長大な様を表現しているのだが、「一二三ピヨピヨ」とはモノがあまりに長いのでヒヨコがたくさん止まれることを指す。一二羽までは普通に止まり、あと一羽が先端から落ちそうになって「ピヨピヨ」鳴きながらしがみついているというのだ……。

このような隠語は、存在するものの本当に使われていたのか疑ってしまうお方もいるだろう。だが実際、小生が元海軍さんに体験談をお聞きしていた時、「ガ島にいた某中尉はスリードブンズで有名でね」と、さりげなく口にされていたので驚いた。[*1]

「本当に言うんだ!」と、変なところで感慨にふけってしまった。

*1　この類の隠語というか、海軍用語というべきか、筆者は海軍出身者同士の会話で普通に交わされているのを近くで聞いていた。ただ微妙なニュアンスの違いなどの使い分けについては知識だけでは無理で、いわば方言のようなものといえるかもしれない。海軍で生活した(育った)者でなくては使いこなせない。

殴られたわだかまりは消えない

体罰の是非

まもなく新入生や新入社員を迎える春がやってくる。いつの時代も、後輩をどう育てるかは悩み多きテーマである。

その中で、「時には体罰も必要か否か」という議論にはなかなか結論が出ない。「常用」は論外として、「どうしても必要な時がある」という肯定的意見から、「体罰は暴力。人は殴って育てるものではない」という否定意見までさまざまである。

軍隊について語る際、どうしても体罰の話は避けられない。海軍兵学校では、上級生が下級生を教育の一貫として手荒く殴った。ちなみに兵学校では「体罰」ではなく「修正」といい、海兵団や艦隊では「罰直」と呼んでいた。

兵学校出身者曰く、殴るクラスと、あまり殴らないクラスが生まれ、殴られた下級生が上級生になれば、自然と後輩をよく殴るクラスになったという。これは仕返しなどではなく、自分たちが厳しく鍛えられたので、やはり後輩も同じように鍛えるのだという理屈に依っている。[*1]

もっとも、兵学校を卒業して艦隊勤務となれば、昔の上級生がかつての後輩に鉄拳を見舞うということはなかった。例えば、中尉が少尉候補生を艦内で殴るなど、よほどの理由がない限り起こり得ない。士官が下士官を殴るというケースも同様で、ましてや士官が下士官を飛び越えて兵を殴るなど、まずなかった。

ある士官が、あまりに不遜な下士官に対して「貴様、上官を屁とも思わぬ態度はけしからん」と怒ったところ、その下士官が「い

*1　体罰は今日では理由の如何に問わずご法度で、やれば傷害罪となる。しかし当時は制裁ではなく、「修正」と称してむしろ奨励されていた。海軍兵学校では順送りで殴るクラスと殴らないクラスが最上級生と最下級生に存在していた。殴る期（殴られた期）を「土方クラス」、殴られない期を「お嬢様クラス」といったが、実際の戦場での振る舞いや活躍には全く違いはなかった。

江田島の第1術科学校の庁舎はかつての海軍兵学校庁舎をそのまま使っている。今も昔も、江田島では未来の海の護りを担う若者たちがさまざまな思いとともに学んでいる（写真／Jシップス編集部）

え。屁くらいには思っております」と答えたという逸話があるが、これはさすがに殴られても仕方がないだろう。

下士官も、海兵団での新兵課程は別にして、艦隊勤務において兵に直接罰直を加えることは稀だった。

一方、「鬼の山城、地獄の金剛、音に聞こえた蛇の長門」という戯歌があるが、いわゆるバッター（精神注入棒）などで尻を叩く罰直は、もっぱら水兵の間で横行していた。古参の水兵は、新兵を相当荒っぽく鍛えたものらしい。*2

実際、「罰直がないから」という理由で、危険と知りつつ潜水艦配置を希望した者もいた。潜水艦は下士官が多く、水兵は少ない。そもそも狭い艦内では、士官の目を盗んで殴れる場所も、そんな暇もなかった。

ところで、戦友会などで兵学校時代の後輩が「この人には江田島で何発殴られた」と話題に上げ、そのたびに元上級生が「大昔の話なんだから、もう勘弁してくれよ」と苦笑いされているのを見かけることがある。何年経っても、殴られた記憶というのは消えないようだ。

そう考えれば、やはり体罰は行うべき教育手段ではないように思えるのだが、反対に「記憶に残るからこそ、意味がある体罰は必要なのだ」という声も聞こえてきそうである。

*2 『山城』『金剛』『長門』は厳しいことで知られていた戦艦の名前。空母でも『加賀』などが挙げられる。水兵の世界では悪しき慣習として、古参の水兵が新兵に対して巡検後などに士官の立ち入らない場所で「気合を入れる」という口実で直径5センチ、長さ70~80センチくらいの樫の棒を「バッター」「軍人精神注入」などと称して持ち出し、若い兵隊の尻を叩いた。

優秀な艦長一人は戦艦一隻の価値に勝る

艦長の責務

先日テレビを観ていると、韓国の旅客船『セウォル号』が沈没したというニュースが飛び込んできた。大規模な人的被害が発生した痛ましい事故だったが、船長は乗客を残したまま真っ先に逃げ出していたそうだ。本当にそうだとしたら極めて信じがたい行動だ。

日本の現行『船員法』(第十二条)を見ると「船長は、自己の指揮する船舶に急迫した危険があるときは、人命の救助並びに船舶及び積荷の救助に必要な手段を尽くさなければならない」とある。船長が責務も果たさず早々に脱出するなど、あってはならないのだ。

このような話を聞くと想起されるのは、「艦と運命をともにする」という、戦記等でよく目にする言葉だろう。実際、太平洋戦争中の日本海軍では、沈没する艦と一緒に沈む艦長が後を絶たなかった。

有名どころでは、ミッドウェー海戦で山口多聞司令官と一緒に沈んだ『飛龍』艦長の加来止男《かくとめお》大佐や、『大和』の有賀幸作《あるがこうさく》艦長が挙げられる。戦いに敗れた武人が沈みゆく艦と運命をともにすることは、「責任を全うする潔い態度だ」と賛美する傾向があったようだ。これに対し、総員を退去させた上で、まだ沈没まで猶予があったので離艦したところ、予備役に追いやられた艦長もいる。*1

日本海軍において、こうした責任の取り方が「不文律」となったのはなぜなのだろうか。

一説には、イギリス東洋艦隊の旗艦『プリンス・オブ・ウェールズ』が、開戦劈頭のマレー沖海戦で我が陸攻隊の猛攻を受けてまさ

*1 太平洋戦争中に艦長は必ず沈没した艦と運命を共にした訳ではなく、約半数の艦長は最後まで戦い、部下が退艦したことを見届けて離艦している例が多数ある。艦長の養成には多大な時間が必要なため、合理的な判断と思われる。

沈みゆくプリンス・オブ・ウェールズ（左）。駆逐艦が右舷に横付けし乗組員を救助している。フィリップス提督は退艦を拒否し、艦と運命を共にしたとされる（Photo/IWM）

に沈まんとしたとき、同艦に座乗していたフィリップス提督が幕僚からの退艦懇願を拒み、「ノー・サンキュー」と一言残して艦と運命をともにした……というエピソードに見習ったといわれている。だが、当のイギリス海軍には艦長が自決する慣習などそもそもない。キリスト教は自ら命を絶つことを禁じているからだ。*2

「海の武人として艦とともに沈むのは天晴だ」と言えば勇ましいが、一人の艦長を養成するのにどれだけの時間とコストがかかっているか。戦局厳しい折、貴重な司令官や艦長を死なせてしまうことは、艦一隻を失うより深刻なダメージを軍に与えることになるだろう。全く悪しき慣習というほかない。*3

ちなみに、旧海軍の伝統を受け継ぐ現代の海上自衛隊ではどうかというと、『自衛艦乗員服務規則』には次のような記載がある。

「艦長は、遭難した自艦を救護するための方策が全く尽きた場合は、乗員の生命を救助し、かつ、重要な書類、物品等を保護して最後に退艦するものとする」

すなわち万が一の場合、艦長は必要な手立てを尽くした上で「最後に退艦するもの」と明文化されているのだ。無論、そのような事態が起こらないことを祈るのみである。

*2　このエピソードはプリンス・オブ・ウェールズに座乗していたフィリップス提督の最後の様子とされる。一方同艦のリーチ艦長は「艦長が艦と運命を共にするのは無益」と公言していたというが、やはり生還しなかった。

*3　第三次ソロモン海戦で損傷し、自沈させられた戦艦『比叡』の艦長 西田大佐は総員退艦後に退艦し生還したが、帰国後予備役に編入されてしまった。山本五十六連合艦隊司令長官は、「比叡一隻よりも西田を失う方が海軍に痛手」であると抗議したが、決定は覆らなかったという。

艦内禁煙は待ちに待った至福の一服のため？

喫煙哀歌

近頃はどこもかしこも禁煙・分煙で、愛煙家の方々は肩身がせまい思いをされていることだろう。公共の場はともかく、自宅に帰ってもベランダ等に追いやられるといった話を聞くと、いささか気の毒になる。

実は、海上自衛隊も娑婆《シャバ》と事情は同じである。艦長さえ非喫煙者でなければ、艦橋でも士官室でもパカパカ吸えていたのは遠い昔。今や艦橋どころか居住区も分煙を実施しており、例えば護衛艦には艦の前・後部にのみ喫煙区画が設けられている。*1

しかし水上艦はまだ恵まれている方で、潜水艦では喫煙自体ままならない。かつての日本海軍潜水艦の場合、敵の威力圏下でなければ、浮上航行中は順番で艦橋や上甲板に出て一服できた。真夜中に艦橋へ上がり、隣の人に煙草の火をもらってよく見れば、なんと艦長だったという逸話も残っている。*2

現代の潜水艦の場合、浮上航行中でも上甲板にはいられないので、乗員はディーゼル運転中に機関室の前辺りで喫煙するらしい。ところが、最新の「そうりゅう」型ではついに全面禁煙となった。AIP（非大気依存推進）のため艦内ガスの制御を行わねばならず、喫煙はおろか、ヘアスプレーなどガスを放出する物の艦内持ち込みが一切禁止されている。つまり出港したら最後、帰港するまでは絶対禁煙だ。

この規制を皆に納得させるため、「そうりゅう」型導入の際、時の潜水艦隊トップは明治時代の乗員募集の故事を引き合いに出し

---

*1 日本海軍の場合、准士官以上は公室でいつでも煙草が吸えた。海上自衛隊でもまだ分煙が厳しく問われる時代ではない頃は、普通に艦橋で艦長が煙草を吸っていたものである。「巡検終わり、煙草盆出せ、明日の課業は予定表通り」などの号令はもはや海上自衛隊では聞かれない。

*2 日本海軍の艦隊勤務の場合、「休め」のラッパが鳴り、上甲板の定められた位置に煙草盆が置かれた。煙草盆とは艦内工作で造られた大きな灰皿のようなもので、木の箱に内部にブリキが貼ってあった。煙草盆が出される場所は、いつも決まってはおらず、あくまで仮設で固定されていなかった。

たという。

明治三八年（一九〇五）、海軍は日本初の潜水艇を導入するにあたって志願者を募集した。条件は「身体極めて強健で品行善良の者」、そして「酒・煙草を飲まざる者」であった。誤解なきよう補足すると、酒や煙草を愛好する者は潜水艇乗りになれない、という意味ではない。嗜好品を自ら絶つことができる、意思強固な者が必要だと言っているのだ。

この故事に倣い、「最新型の潜水艦乗員となった誇りのためにも禁煙に努力せよ」と諭《さと》したらしい。

ところで、何週間にもわたって禁煙するならば、煙草を完全にやめる良いチャンスとも思えるのだが、潜水艦乗りには意外に喫煙者が多い。その理由がなんとなく分かる例を一つ紹介しよう。

――長期の行動を終えた潜水艦が母港に帰ってきた。つつがなく入港作業や報告を済ませて「別れ」となると、皆が潜水艦桟橋（バース）の喫煙コーナーに集まって一斉に紫煙をくゆらせる。そこには階級の上下もなく、愛煙家だけが味わえる至福の時間が流れるのだ。厳しい任務を無事果たし、やっと陸へ上がって待ちに待った一服……。

サラリーマンが、ビルの日陰やガラス張りの喫煙所でスマホ片手に吸う煙草とは違って、さぞかし極上の味わいが楽しめるのだろう。

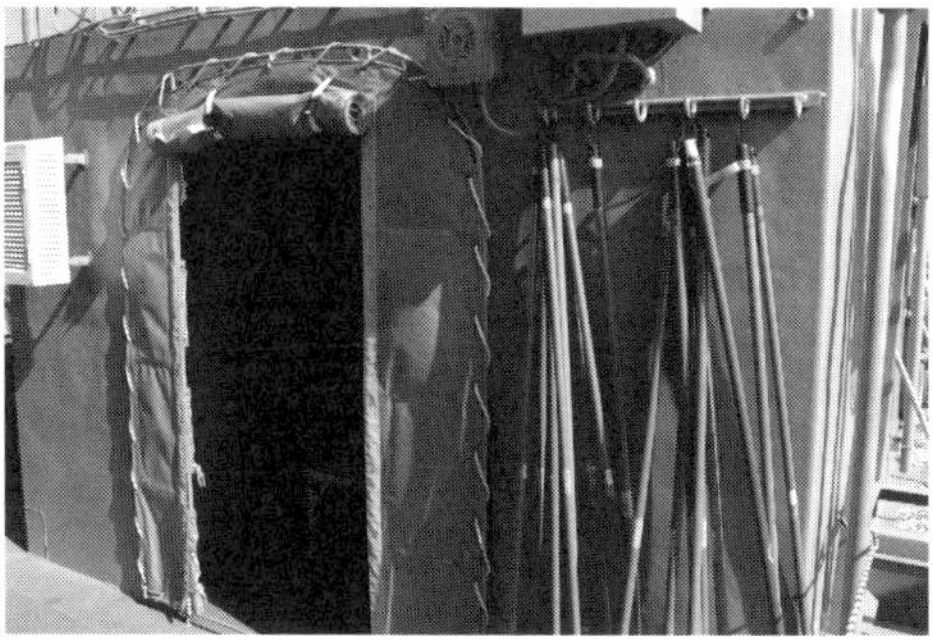

護衛艦取材中、艦内某所で見かけた喫煙場所。もう十数年も前の写真だが、今は当時より艦内の喫煙場所も少なくなっていることだろう（写真／Jシップス編集部）

優れた指揮官は「運」も味方につける

ツイてる男

優れた指揮官たるもの、指揮能力や決断力に優れ、人格者であることが理想だが、加えて「幸運」の持ち主という要素も重要である。

伊二五潜の指揮官として、搭載機による米本土爆撃を成功させ、さらに艦砲射撃まで敢行した田上明次艦長（中佐）をご存じだろうか。

田上艦長は用心深くて慎重な指揮官だったが、いざ雷撃となるや「神業のような水際立った襲撃」を行い、乗員から絶大な信頼を得ていたという。田上艦長は、強運な人でもあった。例えば、伊二五潜での輸送作戦の帰途、敵に虚を突かれて雷撃を受けたことがあった。発見した時はすでに距離六〇〇メートルで、魚雷の方位は右八〇度。誰もが轟沈を覚悟した瞬間、「ゴツーン！」と音はしたが爆発しない。不発だったのである。

その後、田上艦長は伊四五潜に転勤し、そこでも九死に一生を得ている。小笠原諸島で敵機の奇襲を受けた際、急速潜航を行ったが爆発音が起こった。さすがに沈没を覚悟するも、落ち着いてみれば艦に深刻なダメージはないようだ。狐につままれた気分で浮上すると艦尾に損傷が見られたので、内地に引き返すことになった。横須賀へ帰投を果たしてドック入りしたところで、工廠関係者と乗員一同は息を呑んだ。舵がなかったのである。舵の軸と骨材が残るのみで、無事に航海できたのが不思議なくらいであった。[*1]

一方、反対に「不運」な艦長も存在した。初めて艦長を務めた

*1　田上明次潜水艦長は、海兵五一期。伊五六、伊二五、伊一一、伊四五の潜水艦長を務め、常に最前線で戦いながら生還している。特に伊二五では零式小型水偵による米本土爆撃を実施した際の指揮を執っている。

2012年の自衛隊観艦式での一枚。当時の野田首相（中央）、森本防衛大臣（左）とともに観閲を行う松下自衛艦隊司令官(右)。この年はいつ降ってもおかしくない雲行きだったが、観閲が終わるまで天候は持ちこたえた（写真／Ｊシップス編集部）

呂号潜水艦で謎の浸水事故を起こし、懲罰をくらったS艦長である。その後、伊号潜水艦の艦長となったが、今度は僚艦に衝突されてしまう。艦長自身は艦橋にいて無事だったものの、乗員八一名が殉職している。

日米開戦前、S艦長は別の潜水艦に転勤となった。「不運な艦長」と密かに有名だったため、乗員は少なからず動揺したという。そして、S艦長の艦はなんと、太平洋戦争戦没第一号の潜水艦となってしまった。*2

こういった「運・不運」のようなものは、今日の海上自衛隊でも取り沙汰されるそうだ。最近退職された某司令官は、運の強い人と評判だった。例えば観艦式の時、空模様が怪しくなってきたが、「首相が観閲を終えるまで天候は必ずもたせる」と部下に明言していた。結局、首相がヘリで離艦した直後に雨が降り出したらしい。こういう逸話は、すぐに末端の乗員まで知られるところとなる。

筆者は、その司令官を慕う部下の方から「司令官の写真を肌身離さず持っています」と聞いて驚いた。「お守り」なのだという。なるほど、命がけの海上勤務などでは、お金で買ったものよりも強運な司令官の写真のほうが、よほどご利益があるというわけだ。かくいう筆者も、その司令官とツーショット写真に収まる機会に恵まれたため、それを手帳に挟んで持ち歩いている。

*2 S艦長は不運な艦長と言わざるを得ないが、当時を知る人に聞くと人格や操艦などは優れており、潜水艦長としては優秀だったそうである。

未来の司令官も最初はひよっこ

落ち着け、新人！

旧海軍や海上自衛隊で用いられる号令には、「オモカジ」「トリカジ」など独特のものがある。しかも「節まわし」も重要で、「オモーカージ」「トーリカージ」とイントネーションがそれぞれ異なっていて、その他の用語も単に単語だけではなく、こうした「言い方」や「節まわし」が重要なのである。つまり意味が伝われば言い方は何でもいいというわけではなく、決められた報告の仕方、言い方が重要で、聞き間違えを防ぐ意味からも頑なに守られているのである。

しかし、海上自衛隊の幹部候補生学校を卒業し実習幹部として練習航海中の初級幹部や、教育隊を出たばかりの新入隊員たちは、頭では分かっていても咄嗟《とっさ》に言い間違えることも多い。緊張のあまり、とんだ勘違いをするのだ。たとえばこんなことがあった。[*1]

艦にとって怖いのは火災と浸水である。そのため、防火訓練と防水訓練では徹底的に叩き込まれる。実習幹部などは時に自分が応急指揮官として現場に突入しなくてはならず、その際に必要なタイミングでいかに正確に報告できるかが問われる。しかし、これがなかなか難しい。ベテランの掌帆長から「報告しろ」「まだ報告が早い。よく作業を見ろ」と続けざまに厳しい指導が入る。

そんな時、火災発生現場の状況を報告しなくてはならない場面がきた。訓練では「火災現場に到着した。煙と熱気が充満している」と報告すると決まっている。ところが必死さのあまりか「煙と〝殺気〟が充満している」と報告したのだ。当然艦橋では「あいつ、

---

*1 実習幹部（士官）とは、学歴を問わず（防大出身者以外でも可）、幹部候補生学校に入校を許され、約一年修業を果たし、遠洋練習航海に参加している幹部を指す。日本海軍ではこの時期は少尉候補生であったが、海上自衛隊では幹部候補生学校を修業すると、三等海尉（日本海軍では海軍少尉）に任官する。

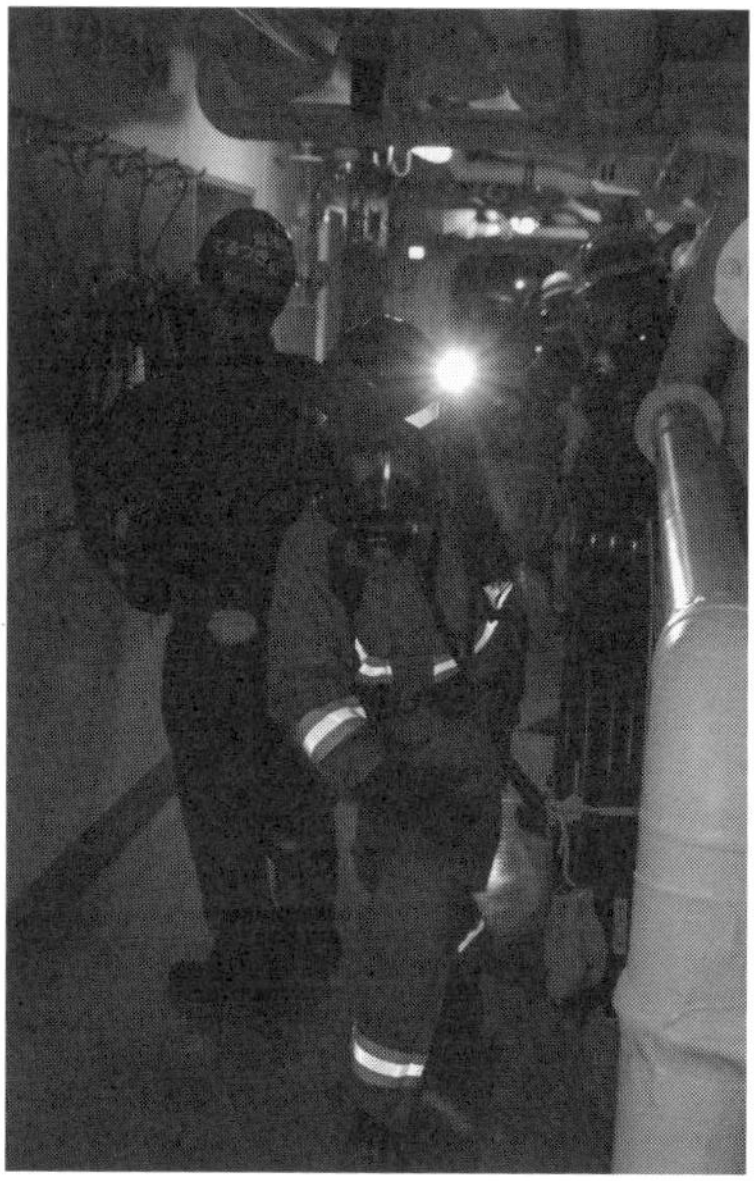

FTG（Fleet Training Group：海上訓練指導隊）の厳しい指導の下繰り広げられる防火訓練。艦の命運を左右するだけに防火・防水訓練は繰り返し行われ、新人も一人前の船乗りに成長していく（写真／Jシップス編集部）

何を言ってるんだ」と苦笑を誘ったが「うまいことを言う。確かに殺気は充満しているな」と一同、納得したそうである。

こうした言い間違い以外にも、勘違いして応答をした例もある。一人前のシーマンシップを身に付けるためには、まずは基本である的確な操艦をしなくてはならない。ある艦長が操艦中の当直実習士官に艦首方位は何度を向いているか訊ねた。経験豊富な艦長は、定められた基準針度に対して艦の方向に少し狂いが生じているのではないか、と直観で感じたので問い正したのだ。

しかしそこは大ベテランの艦長。端的に「おい、頭は何度だ」と聞いた。実習士官は「頭?」「何度?」と、一瞬何を聞かれているか分からなかったらしい。あわてた彼はおもむろに額に手を当て「平熱です」と答えたという。すでに退官された方の若かりし頃のエピソードだそうだ。同期の方が話を大きくしているかもしれないが、やはり経験が少ないうえに緊張が増せば、思わぬ勘違いが生まれるものなのだ。

緊迫している時こそジョークは大切だというが、確かに本人たちが一所懸命なだけに、一瞬でも肩の力が抜けて緊張がほぐれ、良かったのかもしれない。

海軍からの由来はちょっとあやしい？

カレーの伝統

ここ数年、「海軍カレー」の人気が高まっている。その影響もあってか、海上自衛隊のカレーも大人気で、横須賀で開催された今年の春のカレー・イベントは大盛況であった。いまや「海自では金曜日はカレー」は多くの人が知っている。

この海自の「牛乳付き週末カレー」は、曜日感覚を失いがちな艦隊勤務で週に一回カレーを食べることで曜日感覚を取り戻すという、海軍からの伝統を受け継いだもので、海軍では土曜日だったものを、週休二日制になった海自では金曜日になった——というのが定説である。

しかし、元海軍軍人だった方に「毎週土曜日は本当にカレーでしたか」と聞いてみると、確かにカレーは出たが、毎週ではなかったという人が多い。カレーは作るのも食器を洗うのも手がかかり、大所帯の昔の大型艦では大変だっただろう。どうもこの海軍のカレーに関しては、いろいろな説があるようだ。*1

では海自は、「カレーの伝統」をどこから受け継いだのだろうか。古い自衛官の方たちに聞くと、そもそも海自でカレーが出されていた理由は、どうも以下のようなものだという。

昔は海自も土曜が半ドンで、午後になると上陸許可が出る。となると、土曜の昼飯を食べて上陸する人と、食べないで上陸する人が出てくる。

当然、給養員には予定が伝わっているわけだが、直前になっていろいろ予定が変わる者も出てくる。そうなると揚げ物とか魚や

*1　今や日本海軍、海上自衛隊の食のイメージはカレーが定着しているが、日本海軍出身者からはあまりカレーを食べたと聞いた記憶がない。一方で海上自衛隊のカレーはすっかり金曜の定番となっている。各部隊や艦艇で特色があり、それぞれの給養員のこだわりがあり、総じて美味である。

海自潜水艦の士官室で供されたカレー。海上自衛隊の「金曜カレー」は今やすっかり認知されたといえそうだが、その歴史は意外に新しいようだ（写真／Ｊシップス編集部）

肉などの単品ものは、余ったり足りなくなったりするが、量の調節が利くカレーなら好都合であり、自然と土曜の昼はカレーが定着したのだという。

やがて海自も週休二日制になると、土曜のカレーはいつの間にかなくなった。ところが乗員から「カレーが食べたい」という要望が出たことで、それならいっそ金曜の昼にカレーにしようということになったらしい。

曜日感覚を取り戻す「金曜のカレー」は確かに便利だろうが、海軍の伝統を受け継いで週末はカレーとなった、という海自の話はどうも後付けの感があるようだ。そんなことを言うと、「海軍カレー」をビジネスにされている方々から「よけいな話を……」とお叱りをいただきそうだが。

ただし、週一回のカレーは海の男には別の意味で重要だ。長い航海では、母港が恋しくなる。そんな時「あと〝二カレー〟で母港」などと数えるらしい。これはカレーをあと二回食ったら、つまり二週間で母港に帰れるぞ、という意味だそうだ。いつの時代になっても食事が唯一の楽しみである船乗りにとって、大好きなカレーで母港に帰れる日を指折数えるというのが微笑ましい。[*2]

とはいえ、中にはあまり帰りたくない人もいるようで「ああ、あと一回カレーを食ったら母港だ……」とため息が出る人もいるとか。さすがにちょいと理由は聞きにくい。

*2　海上自衛隊の給養員は、料理・調理の専門技術を習得するため舞鶴にある第4術科学校で教育を受ける。和食、フレンチ、イタリアン、デザートなどの専門講師もおり、調理の基礎から、ホテルで提供される料理まで、艦内で調理できる「自己完結性」を目指している。特に練習艦は海外でレセプションの舞台ともなるため、その料理は各国で高い評価を得ている。

もはや暗号と化したカタカナの羅列

伝わらぬ略語

海上自衛隊の護衛艦などに乗せてもらうと、もたついている若い隊員に対し、先輩や上官が即座にその所作を正しているのをよく見かける。

航海中にもたもたしていると事故につながるので、とろくさいことは嫌われるのだ。もちろんこの伝統は日本海軍からのもので、何事もスマートにこなすことが尊ばれた。そこで何か人にものを伝える際、正確かつ迅速に伝えるために略語が使われた。[*1]

例えば司令官は「シカ」、先任参謀は「セサ」、艦長は「カ」、潜水艦長は「セカ」、航海士は「コシ」といった具合である。実際にはなかなか便利で、「ホンカンカンチョウヨリキカンカンチョウへ、カンチョウナラビニコウカイシ、ライカンサレタシ（本艦艦長より貴艦艦長へ、艦長並びに航海士、来艦されたし）」などを発光信号や手旗信号で送ったら、間違やすいし腕が疲れる。これを先の略語で打てば「カヨカ、カコシラ」で済む。もうこうなると、略号というか暗号に近く、意味が分かっていないと全く読み取れない。当然〝潮気〟がまだ身についていない若い乗員や民間の人は勘違いを起こす。

海軍で、艦隊が夜中に単縦陣で航海していた時のこと。真夜中の洋上といえば本当に漆黒の闇である。そんな真っ暗な闇に慣れた目には、前を行く僚艦の艦尾灯が逆に明るくて困るので、前の艦に明るさの低い航跡灯に変えてほしいと頼むことになった。ただ、こんなことは艦長から相手の艦長に頼むようなことではない。

*1 日本海軍では何でもテキパキと事を済ますことを好んだ。いわゆるモタモタしている姿を嫌うのである。よって海軍士官の心得帖に「海戦は時計で闘ふもの」とあるように、洋上で鈍くさいことは禁物で、まごまごしていたら生命にかかわるため、この種の特殊用語がたくさん編み出された。

訓練中の甲標的。写真の状態を浸洗（しんせん）状態といい、セイルが露呈している状態なので敵に発見されやすい。甲標的は船体が小さいため、波浪によりこの状態になりやすかった（写真提供／勝目純也）

そこで当直士官から相手の当直士官へと前置きして「ホンカントウチョクシカンヨリ、キカントウチョクシカンへ（本艦当直士官より、貴艦当直士官へ）」と伝えようとした。

しかし、これではあまりにとろくさいので「トヨト」と打ったが、きっと受け取った乗員は経験が浅かったのか、そそっかしい人だったのだろう。当直士官に「トマト」と報告したという。

民間の人ともなると、さらに分からない。有名な話として、ある海軍士官が母港に帰れる嬉しさで奥さんに「チンタツ、サセニコイ」と電報を打った。「チン」は朝鮮南岸の鎮海、「サセ」は佐世保で、「鎮海を出発する。佐世保に迎えにこい」という意味だが、これを受けた奥さん、「チンムリニタタスナ、サセニイク」と返したという。

ただ海軍同士でも、自己流で略されるとどうしようもない。戦争末期、甲標的の訓練で日夜、艇長講習員たちが慣れぬ小型の潜水艇を一生懸命訓練航行させていた。潜望鏡だけを水上に出して航海しなくてはいけないのに、小さいので波のうねりで艦橋が露頂してしまう。これでは敵に見つかりやすくなり危険である。

すると追走していた教官が乗っている小舟から発光信号が来た。潜望鏡で見たら「ヨコブン」とある。意味が全くわからず、まごまごしていたら「横につけろ、ぶん殴る」だったそうだ。「ぶん殴る」の共通略号は、さすがになかったようだ。[*2]

*2 「ヨコブン」のエピソードは甲標的の元艇長講習員出身者に聞いた。当時は艇長養成で訓練に使用する甲標的が不足していて、なかなか実際に操縦できる機会が少ない。慣れないことに加えて甲標的は排水量が50トン程度なので高い波を受けるとすぐ「侵洗」状態になる。潜望鏡だけ露頂することが望ましいのだが、波に打ち上げられて艦橋（セイル）が海面上に出てしまうと発見されやすくなってしまうのだ。

抑止力ともなる高練度の艦隊運動

観艦式の豆知識

今回は記念すべき連載三十回目。この連載も満五年を迎えたので、ちょっとしたウンチクも交えて、華やかなテーマでいこう。

今年三月、ついに海上自衛隊最大の護衛艦『いずも』が就役した。三年ぶりに行われる今秋の観艦式の主役となるのは間違いない。今は陸海空三自衛隊の持ち回りとなったので三年に一度だが、かつて日本海軍の観艦式は一定間隔ではなかった。*1

最後の観艦式は、昭和一五（一九四〇）年十月一一日に横浜沖で行われた「紀元二千六百年特別観艦式」だ。参加艦艇数は、昭和一一年に実施された「大演習観艦式」の一〇〇隻に少し足りない九八隻だが、航空機は大幅に機数を増やし、五〇〇機を超える堂々の観閲飛行を行った。しかしこの時、戦艦『大和』『武蔵』は建造中であり、零戦は採用直後の試用段階だったため参加していない。つまり、今や日本海軍の象徴ともなった『大和』『武蔵』、そして零戦は観艦式に参加することなく、その生涯を閉じたことになる。

実はこの観艦式の参加艦艇の装備を見ると、興味深い変化を国民に表していた。戦艦『比叡』は撤去されていた四番砲塔が復活しており、重巡『加古』『古鷹』は特長ある単装六基の主砲が二連装三基になっていた。

一方、軽巡として知られていた『最上』型は三連装砲塔が二連装に変わっていた。軍縮条約の失効を予想して当初一五・五センチ砲とし、条約失効後に二〇・三センチ砲へ換装したのだが、基準排

*1 現在、海上自衛隊の観艦式は陸海空で順番に実施するので三年に一度となる。海自初の観艦式は東京湾で昭和三二（一九五七）年に実施されている。その後は毎年実施されていた期間もあれば、2～3年おきと不定期に近いが、平成になり、三年に一度が定着した。一般の見学は高い競争率の抽選だったが、二〇一九年は台風で中止となり、二〇二二年はコロナにより無観客の開催となった。次回二〇二五年では果たして……。

一列に並んで航行する観閲艦隊。先頭から「しらぬい」、観閲艦「いずも」、以下「ひゅうが」「たかなみ」と続く。予行での撮影だが、すでに単縦陣の並びはばっちりだ。その横を逆向きに航行するのが受閲艦隊（写真／菊池雅之）

水量八五〇〇トンでは三連装二〇・三センチ砲塔という重武装は無理なので、連装二〇・三センチ砲塔に換装したと現在では分かっている。だが当時の人達は兵装を減じた、と単純に思ったという。今の海上自衛隊は兵装に関しても可能な限りは公表するという活発な広報活動を行っているが、日本海軍では艦艇の兵装などはあまねく機密扱いだったから仕方がない。

当時の観艦式は、多くは停泊式で、観艦式の受閲部隊が停泊し、その間をお召し艦列が通過する方式だった。ただ例外もあり、大正五（一九一六）年と昭和十一年は移動式を採用していた。今日の海上自衛隊の観艦式は、この移動式を採用しており、観閲部隊および随伴艦と、観閲付属部隊の間を、七群に分かれた受閲部隊が反航通過して観閲を行うという、世界的にも珍しい方法で実施されている。[*2]

その艦隊行動の美しさ、正確さは、他国の海軍に比べて群を抜いて高いとされる。毎回、予行が二回、本番一回が実施されるが、ある時最初の予行を見学した他国の海軍軍人が「この予行は今回で何回目か」と訊ねてきた。それに対して「これは最初の予行だ」と説明したが、「三年ぶりに行う観艦式の最初の予行で、これだけ見事な艦隊行動をとれるわけがない」といくら説明しても信じてくれなかったそうである。

*2 海上自衛隊の観艦式は日本海軍と世界の海軍の観艦式とは異なり移動式を採用している。この方法は高い操艦技術、艦隊運動（戦術運動）が必要であり、同時に行われる展示訓練とともに、招待されて見学する各国の駐在武官などから大きな称賛を受けるという。実はこれは大きな抑止力になっているともいわれる。これだけ見事な艦隊運動や訓練ができる相手とは戦争したくないと思わせることが重要なのである。

執着せず気前よくスマートに
お金は清く正しく

日本海軍将兵は紳士的と言われる。例えば、江田島の兵学校では、学生が近隣のミカンの木から無断でミカンを食べてしまった時、ことわりの手紙と代金を木に括り付けたという。

特にお金に関して、士官は実にスマートな人が多かった。宴会で誰が何本ビールや酒を飲んだか分からなくなると、各自が多めに代金を置いていくのが習わしだった。[*1]

士官室で宴会などを開いた場合の宴会費の支払い方も実に合理的かつスマートで、「半分は頭割り、半分は俸給割り」という方法をとっていた。これは例えば一〇人の宴会で総額一〇〇〇円かかったら、半額の五〇〇円を一〇人で割ってまずは一人五〇円。残りの五〇〇円は俸給に比例させて金額を設定していた。スマホの電卓がない時代だから計算が煩雑のような気がするが、頭脳明晰な彼らにとっては何ともないのであろう。

その他にも転勤や結婚などに際して、上司や先輩から「お祝い」「餞別」としてポンとお金をもらったというエピソードを話してくれる人が多い。一方、お金にケチケチしている、金払いが悪い士官はずいぶんと悪く言われ、ましてやごまかすような振る舞いは言語道断とされた。

そもそも海軍士官は、お金に対する執着が少なかったようだ。潜水艦乗りなどは、三ヵ月くらい行動して無事母港に帰ると、急速潜航のつど、危険手当のようなものをもらう。だが、洋上の潜水艦では使い道もないので、上陸すると懐はだいぶ温かった。[*2]

*1　日本海軍の士官出身者においては特にお金に対しては極めて清らかだった。ごまかす、踏み倒すなどはもっての外で「疑わしきは支払う」をモットーとしていた。

*2　海上自衛隊でも乗組手当が付くが、護衛艦なら各階級の現在の号俸の三三%なのに対して、潜水艦の場合は四五・五%である。航空機は六五%なのでそれよりは低いが、階級や号俸が上がり手当が上がると、乗組時間の長い潜水艦では支給額が航空機の手当より確実に多くなるという。

行動中の伊号潜水艦。潜水艦は今も昔も危険の多いヴィークルであり、手当は手厚い。とはいえ任務中は使い道がないので、帰港した潜水艦乗員の懐はだいぶ温かくなっている（写真提供／勝目純也）

そこで次の出撃まで休養や整備・補給をする間、手当をそのまま料亭の女将に預け、宴会をしたときは、そこから支払ってもらっていたという。考えてみれば、店とお客の信頼関係がないと成り立たないシステムだ。そして一ヵ月くらい経ち、女将から「そろそろお預かりしたお金がなくなります」と言われる頃に、また出撃となるのだそうである。

そういえば筆者にも経験がある。戦友会の事務局を長きにわたってお手伝いさせていただいたが、引き受けてまもなくの頃、宴会が終わってテーブルごとに集めたお金がどうしても合わない。何度数えても一人分の会費が多いのだ。足りないよりはいいが、それでも参加者数と合わないと気持ちが悪い。そんなことがあったので、次回はよくよく気をつけてみると原因が分かった。宴会の途中で中座する人は、私に中座をことわり、会費を私に渡して会場を後にするのだが、その帰る姿だけを見た同期の人が「アイツ、もしかして会費を払わんと帰ったのではないか」と心配して、黙って中座した同期の分も払っていたのである。これでは合わないはずで、以後、集金は始まる前に受付で受け取る方式にして、こうした間違いはなくなった。

お金で人に迷惑をかけない、見苦しいところを見せない、ということを強く教えられた気がした。

国産を貫いた誇り高き技術力

潜水艦の運用百年

今年は我が国が潜水艦を運用して百十周年にあたる。明治三八（一九〇五）年に米国から購入した小さな潜水艇に始まり、終戦までの四十年間。そして戦後は十年のブランクを経て、再び米国から大戦中の古い潜水艦の貸与を受けて、海上自衛隊の潜水艦運用をスタートさせて六十周年にあたる。ブランクを除けば実質、運用百年の節目の年である。

百年の歴史の中で注目したいのは、潜水艦の国産化である。つまり船体および機関ともに国産化するという潜水艦技術の自立は、日本海軍の場合二九年間で成し遂げた。以来、終戦まで建造した潜水艦は全て国産である。

戦後に至っては最初の一隻こそ米海軍の貸与だったが、早くも昭和三五（一九六〇）年には国産化に成功し、今日まで五五年間に五一隻の潜水艦をずっと国産で建造してきた。これはアジアでは我が国だけであり、世界の海軍でも稀なケースといえる。[*1]

潜水艦の建造から運用までの技術は、その国の経済力や技術力、海軍力のバロメータになるのではないかと筆者は思う。不謹慎な例えだが、「チャーハンが美味い中華料理店は何を食っても美味い」と言われるように、その国の潜水艦を見れば国力や技術力、海軍力のレベルが見てとれると言ってよいのではないか。[*2]

もう一つ、「潜水艦運用百年」で注目すべき年は、潜水艦の基本性能に大きな変革があった昭和四六（一九七一）年だ。

すなわち、涙滴型潜水艦の「うずしお」型の登場である。日本

*1　純国産で潜水艦を建造できる国は世界でも珍しいが、最近になりアジアでは韓国、台湾が国産潜水艦を竣工させている。

*2　最新の海上自衛隊の潜水艦は潜水艦としては世界で初めてリチウムイオン電池を搭載した。日本の潜水艦は通常動力型としては性能的に世界のトップクラスといわれている。戦争抑止では原潜の存在が極めて大きいが、通常動力型でもその意義は大きい。

我が国が潜水艦を運用して110周年を迎えた2015年に就役した「そうりゅう」型の6番艦『こくりゅう』。来年2025年には、120周年を迎えることになる（写真／海上自衛隊）

海軍の時代から、潜水艦は戦後も含めて、水上航走が基本で、敵に遭遇した時に潜航する、いわば「可潜艦」だった。それが「うずしお」型から水中性能重視型に変革したのである。涙滴型にすることによって、水上速力より水中速力が上回り、静粛性が向上するといわれた。

ところが当時の用兵者から強い不安が生まれた。つまり、これまでの潜水艦は全て二軸推進だが、涙滴型にすると一軸推進になり、万が一故障や損傷を受けたら動けなくなる。「両舷前進微速〜」なんていう号令も使えなくなるのだ。この点について、相当な技術検討や喧々諤々の議論がなされたという。

しかし結局、これからの潜水艦は水中性能重視型とし、故障は技術力で減らし、損傷はそもそも敵に見つからない潜水艦を目指すということで押し切った。

結果的に正解だったが、やはり当時の現場の乗員幹部には不安が残り、「本当に故障したらどうする？」と思ったという。しかし決定事項である。しぶしぶ一軸潜水艦を指揮したというが、艦長の一人は「あ〜あ、オレもとうとう〝イチジク・カンチョウ〟になったか……」と言ったそうだ。

ゾロ目についてまわる偶然
「七七」の因縁

お蔭さまで今回連載三三回を迎えた。そういえば、本連載の第五回目では三にまつわる因縁話で『伊三三』という潜水艦の悲運を紹介したが、今回は「七」、それもやはりゾロ目の「七七」についてである。日本海軍にまつわる話で、「七七」にかかわることが多いのだ。

例えば日本海軍の歴史は、明治元年に始まり昭和二十年で終結するまで「七七年」である。その海軍を司る海軍大将に親任されたのは井上成美と塚原二四三を最後に、全員で「七七人」。必ずしも一年に一人、海軍大将が選ばれるわけではないにもかかわらず、「七七年の歴史で七七人の海軍大将」というのもできすぎている。

海軍大将になる人物なら必ず卒業するのが海軍兵学校だが、最後のクラスは正式には「七七期」である。『えっ？　アンカー・クラスは七八期では？』と思ったが、よくよく調べてみると七八期は予科生徒だったそうである。ただ海軍兵学校の歴史は、一期が明治三年なので七五年と少々足りていないのが残念なところだ。*1

さらに「日本海軍の親」ともいえる勝海舟の没年は「七七歳」。広瀬武夫少佐が参加して、日露戦争で有名となった第一回旅順港閉塞作戦への参加隊員も「七七人」。サイパン島が陥落して日本の敗戦は決定的となったが、最後の突撃を敢行し全滅した日が昭和一九年の「七月七日」。海軍の鈴木貫太郎大将が首相として終戦処理した歳が「七七歳」。そして、戦後の機雷掃海で殉職された隊員は「七七人」と〝七七続き〟のエピソードが並ぶ。*2

*1　七八期は昭和二十年四月三日、海軍兵学校針尾分校で四〇二二名が入校式を行っている。針尾は長崎県の針尾島にあり、同年三月一日に開校している。七八期が予科生徒として採用されたのは当時の勤労動員により遅れた基礎体力と基礎学力の充実を修業年限一年で行った後、本科たる海軍兵学校に入校させるという方針だった。

海上自衛隊で「七七」といえば、艦番号177の「あたご」がある。「あたご」は7700トン型護衛艦2317号艦で、2007年に就役した。微妙だが七に縁がありそうだ（写真／海上自衛隊）

その七つながりは何となく現在の海上自衛隊にも継承されていて、海軍が滅んで七年後の昭和二七年に海上自衛隊の前身、海上警備隊が発足し、海上自衛隊にとって極めて大きな転換点となった初めての海外派遣「ペルシャ湾掃海派遣」が実施された時の首相・海部俊樹氏は、我が国では「第七七代目」の首相である。

そこまで書くと少々こじつけではないか、とご注意をいただきそうだが、こうした本当にびっくりするような偶然の一致というのは探せばあるものである。例えば、昭和三三年生まれの人は平成三年に三三歳になり、大正七年に産まれた人は平成七年には七七歳になった。元号は何年に終わるかは決まっていないので、これはまさに驚くべき偶然の一致といってもよいだろう。

良し悪しにかかわらず、「三」と「七」は現在の海上自衛隊でも注目・注意が必要かもしれないと考えた筆者は、今年平成二七年が三年に一度実施される観艦式の年でもあるので、すわ「七」に縁がある回数か⁉と思って調べたら……二八回目だった。さすがにそこまで、うまく一致しなかったようである。

*2 戦後の掃海殉職者は七七名としたが、掃海艇の訓練中に殉職した海士が一名おり、遺族たっての願いで名簿に加えられた。したがって航路啓開業務で殉職した隊員数は七八名となる。

Column

まずはコピーから

欧米列強では海軍は一朝一夕にできるものではなく、100年はかかるといわれていた。そのため鎖国で近代化が大きく遅れた東洋の小さな島国に、まともな海軍がすぐできるとは思っていなかった。

そこで日本は、戦艦に限らず、巡洋艦も駆逐艦も潜水艦も、そして飛行機まで、まずは外国の優れた兵器を購入することから始めた。日本海海戦で大勝利をおさめた時の戦艦『三笠』や『敷島』『富士』、装甲巡洋艦の『八雲』『浅間』『常盤』などはすべて外国製である。駆逐艦も「雷」型や「東雲」型などはすべて英国製であり、潜水艦も米、仏、伊、独製からスタートしている。最初の飛行機も、フランスからもたらされた「モーリス・ファルマン」1912年型の水上機だった。

こうして購入した兵器・装備は、ライセンス生産契約を締結して、フルコピーで自国で製造、生産をしてみる。そのため1番艦は外国製で、2番艦以降は国産という艦も珍しくない。そして今度は外国製兵器に日本独自の性能や、機能に変化、改良を加えていき、最終的には短期間で独自設計、国産生産に結実させるのである。

一例でいえば、潜水艦を初めて導入したのは明治38（1905）年で、米国製であった。大正元（1912）年には成功とは言い難いが日本が最初に設計した「川崎」型が竣工しており、その後もドイツの技術を積極的に取り入れて大型潜水艦の建造を成し得ている。そして船体に加えて機関まで国産化を果たしたのが海大Ⅵ型で、ホランド型からなんとわずか29年で潜水艦技術の自立を果たしている。

人材育成においても、海軍三校といわれる、海軍兵学校、海軍機関学校、海軍経理学校を創設し、人間教育を徹底的に行い、日本海軍の文化を創った。また日本海軍の下士官は世界一といわれるオペレーター教育も術科学校を複数設けて専門教育を細部にまで施し、名人芸ともいえる優秀な下士官が海軍を実務で支えた。

結果、資源の乏しいアジアの小国海軍が、創設から70年弱で米英海軍に恐れられる存在まで急速に発展したのである。

第二章

平成二八(二〇一六)年〜平成三〇(二〇一八)年

始末に負えない迷惑な「芋掘り」

お酒はほどほどに

年末年始、お酒を飲む機会が多いが、ご存知の通り海上自衛隊では特別な艦上レセプション等の行事は別として、艦内の飲酒は禁じられている。これは海上自衛隊がアメリカ海軍を模範としたことによるものだが、かつて日本海軍はイギリス海軍を範としたので、艦内で酒が飲めた。米海軍のある高官が「海上自衛隊が我が国の海軍を模範としたことは大変素晴らしいことだが、禁酒まで真似することはなかった」と嘆いたそうだ。[*1]

艦内で酒が飲めれば必然的に誰が酒に強くて、誰がすぐ酒に飲まれるか一目瞭然となる。いつの時代にも酒癖の悪い人というのはいて、日本海軍では酒を飲んで暴れる人のことを「芋掘り」、暴れることを「芋を掘る」と言っていた。明治海軍のころ、酒を飲んで暴れる者に薩摩出身者が多かったことに由来している。このため海軍御用達の料亭などの皿や調度品などは、いつ壊されてもいいように、あまり高価なものは置いてなかったという。

ただこれが上官だと始末に悪い。艦隊の参謀長が「芋掘り」で、「乱暴長」というあだ名がついて、部下が宴会で頭をかじられて禿ができたり、些細な理由で周りを殴ったりしてどうしようもない。こういう人に限って柔道何段とかいう猛者だったりするので、よけいに始末が悪い。

仕方がないので、海軍では「芋掘り」対策として、危険人物との宴会の時は、その人より先に別の人がお芝居で「芋を掘る」。そうすると拍子抜けとなるのか、本当の「芋掘り」は掘りにくくな

*1　特別な理由や事情がない限り、海上自衛隊は艦内での飲酒は厳禁である。潜水艦では煙草も吸えないので、艦隊勤務は酒・煙草・スマホは我慢しなくてはならない。

海上自衛隊の艦艇ではお酒を飲むことはできない。ただし最近はノンアルコールビールで乾杯ということもあるようだ。お酒が飲めないためか、逆に甘いものは人気で、どの艦の科員食堂でもアイスを販売している（写真／Jシップス編集部）

るのだ。この方法はけっこう効果があったらしい。ところが、戦争が始まると「芋掘り」たちは実に勇敢に戦い、戦死した人が多いという。

逆に無類の酒好きにもかかわらず、艦内では一切口にしないという人もいた。オンオフを切り替えていたのだろう。ある潜水艦の艦長が、訓練を終えてある港に一泊し母港に帰ることとなった。ところがその艦長が、朝になっても帰ってこない。出港時間になっても行方不明で、これには先任将校以下、青ざめた。まさか潜水艦長を後発航期罪（出港までに乗艦せず、乗り遅れる罪）にするわけにはいかないので「揚錨機故障」とかの旗を挙げて、手分けをして艦長が飲みに行って泊まりそうな旅館を探し回り、連れ戻したという。[*2]

こんな体たらくであったら、さぞ乗員部下たちから呆れられているだろうと思いきや、この艦長は艦に戻ると一滴も飲まず、細かいことには口をださず部下に任せ、「いざ」という時の判断は、実に的確。戦いの機会を見れば、極めて勇敢だったという。のちに、二三回にも及ぶ輸送作戦を文句ひとつ言わずにやり遂げ、天皇陛下の拝謁の栄に浴するぐらい立派な人物で尊敬を集めていた。

忘年会、新年会で〝痛飲止む無し〟であっても芋を掘らず、人に愛される呑兵衛でありたいものである。

＊2　お酒をこよなく愛したこのエピソードの艦長は安久榮太郎潜水艦艦長で、海兵四九期。伊一、伊三八の潜水艦長として闘い、特に伊三八では輸送任務を二三回も成功させている。最後は第三三潜水隊司令兼呂六四艦長として潜航訓練中に触雷して沈没戦死している。指揮官として部下の信頼が厚く、人望があった。

人はミスをする生き物――

意思疎通の難しさ

とかく、人はミスをする生き物なのだが、その原因の一つに言い間違い、聞き間違いがある。日本海軍ではその防止策として号令に独特のイントネーションを付けることで聞き間違いを防止した。「撃ち方始め」も「うちーかた始め」と独特の調子をつける。

気をつけなくてはいけないのはこのイントネーションで、「今から撃つぞ！」と部下が緊張している時に「撃ち方やめ」を同じ調子で「うちーかたやめ」と言ったところ、勘違いして発射してしまったということがあったらしい。「面舵」「取り舵」を違うイントネーションにしているのも同様の理由だそうだが、それでも艦長の指示と逆に舵を切って衝突する事故も起こったという。*1

太平洋戦争では、こんなこともあった。ある艦隊が行動中、高高度から敵の大型爆撃機が近付いてきた。先頭を行く旗艦は発見したが、二番艦は気が付いていない。旗艦はただちに「対空戦闘」を発令するとともに、奇数番艦は右へ四五度、偶数番艦は左へ四五度変針して隊形を開くことで、爆弾を避けようとした。

そこで旗艦の艦橋では、信号旗を扱う旗甲板の信号員に、「散開」を意味する青色の三角旗を掲揚するように命じた。ところが信号員は何を聞き間違えたのか「艦隊和音（通知することあり、本艦に注目せよ）と理解してその意味の旗流信号を掲げてしまったのである。その後信号員からは「艦隊和音の信号旗を掲げた」との報告が艦橋にもたらされたが、敵爆撃機に対処中で混乱している旗艦艦橋では、間違えた旗を揚げてしまったということに気が付

*1 ヒューマンエラーの原点ともいうべき「言い間違い」「聞き間違い」は人間である以上避けられない。ただし艦艇や航空機では重大な事故に結びつくので、昔からさまざまな工夫がなされてきた。独特の抑揚もその一つである。数字も一を「ひと」、二を「ふた」、英語もAは「アルファ」、Bは「ブラボー」と言う。これなら慣れれば間違いがない。

海上自衛隊の護衛艦に備わる旗箱。色とりどりの旗を組み合わせてやり取りするが、旗を揚げるのは人間であり、ヒューマンエラーが介在する余地は残る（写真／Jシップス編集部）

かない。

一方、後続艦の二番艦は了解したということから「応答旗」を揚げた。これを見た旗艦の信号員は「二番艦応旗」と艦橋に報告を入れた。

ところが、この青色三角旗の「散開」には、通常「応旗」ではなく、同じ旗を揚げるのが決まりだったのだ。二番艦が「応旗」で応じたということは旗艦の意図が間違って伝わっているということなのだが、これにも誰も気が付かなかった。

旗艦は直ちに「面舵一杯」をとった。後続艦は、「注目しろ」と言われていたら急に旗艦が変針したので、同じように旗艦の航跡に追従してしまった。その結果、旗艦を逸れた爆弾は運悪く二番艦に命中してしまったという。

このように、確認はどんなに慣れていても大切なのだが、海軍では艦長が間違えていた時は、よほどの緊急事態でなければ部下は「艦長、違います」とそれを正すことを諫められていた。現状を報告して艦長の指示を待つのが不文律だった。

海上自衛隊での話だが、ある時、停泊中の掃海艇が出港する際、艇長が間違えて「前進びそーく」と号令をかけた。無論、艇首の先は陸岸である。部下たちは艇長の間違いを指摘せず「前進びそーく」と復唱して、後進をかけたそうである。

大勝利の陰に隠れた失敗作

不運な巡洋艦『松島』

日本海軍の巡洋艦「松島」型は、『厳島』『松島』『橋立』の同型艦三艦で「三景艦」として知られている。

「松島」型は、三〇センチ砲四門装備する清国の主力艦『定遠《ていえん》』と『鎮遠《ちんえん》』に対抗するため、わずか常備排水量四二七八トンの船体に三二センチ砲一門を搭載した巨砲搭載巡洋艦である。四隻建造し、前部主砲と後部主砲搭載艦を二隻組み合わせて『定遠』型一隻に対抗させようとしたが、特殊な設計によって運用が難しくなり、結局三隻建造に留まった。

なにしろ主砲を左右舷に旋回すると、砲の重さで船体が傾き、砲身がお辞儀をしてしまうので、水平射撃の時には、船体が傾いた分だけ仰角をかけなくてはならない。おまけに発砲すると反動で艦が旋回するので、そのつど、舵を取って針路を修正する必要があった。このように、『松島』型は、元から問題を抱えた艦だった。

そうは言っても、日清戦争では事実上の主力艦だった。ところが肝心の主砲が故障して、結局副砲の一二センチ砲が威力を発揮して勝利を得た。『松島』型は設計段階からいわくつきで、活躍はしたが実戦においてはその問題の主砲が役に立たなかったという、軍艦として不運な艦だったといえる。

その三艦の中でも、ひときわ悲運だったのが『松島』である。「まだ沈まずや定遠は」の言葉で有名な「勇敢なる水兵」は、この『松島』での美談だが、黄海海戦では大きな被害を受けている。*1

日露戦争でも二等巡洋艦として活躍したが、その後三隻とも練

---

*1 「勇敢なる水兵」とは、黄海海戦時、重傷を負った三浦三等水兵が「まだ『定遠』は沈みませんか」と副長にたずねた際、相手が戦闘不能に陥ったことを聞いて微笑みながら死んだ逸話に基づいて作られた軍歌。

悲運の防護巡洋艦『松島』。当時としては巨砲である32センチ砲を単装で装備したが、実戦では有用ではなく、目立った活躍をすることはできなかった（Photo/USN）

習艦隊に入り若き候補生を載せて遠洋航海に出た。しかし『松島』には大きな悲劇が待っていた。明治四一（一九〇八）年、台湾の馬《ま》公《こう》要港に在泊中、突如火薬庫が爆発して沈没したのである。乗員四一五名中、艦長以下二二一名が殉職するという痛ましい事故となった。犠牲者の中には海軍兵学校三五期三五名も含まれている。*2

その中には日露戦争で日本を勝利に導いた陸軍の大山巌元帥の子息も含まれていた。親の七光りを嫌って海軍に進んだのだが、その気骨が仇となった。こうした悲劇により、『松島』という艦名は、日本海軍では再び使われることはなかったのだが、悲劇はまだ終わらなかった。

明治四三年、横須賀海軍鎮守府から、軍人の子弟教育の要請を受けて設立された神奈川県・逗子の中学校で、生徒一二名が無断でカッターを繰り出し七里ヶ浜で遭難。全員が亡くなるという痛ましい事故が起きる。後に「真白き富士の根」という歌が作られ、遭難地点に近い稲村ヶ崎や学校内に慰霊碑が建立された。

この時遭難したカッターが、実は馬公で引き揚げられた『松島』のものだった。学校に寄贈されていたのである。

『松島』は最初の計画から沈没後の事故まで、良運に恵まれたとは言えない艦であった。人のみならず艦にも運・不運というものがある。

*2 戦艦、巡洋艦の火薬庫等の爆発による沈没は『松島』のほかにも日本海海戦で活躍した戦艦『三笠』、巡洋戦艦『筑波』、戦艦『河内』『陸奥』などがある。大型艦だけに死者も多く、『河内』が四三八名、「陸奥」に至っては一一二一名にものぼる。

海軍と共に去った古き良き時代

料亭でのたしなみ

海軍御用達の横須賀の料亭「小松」が火事で全焼したというニュースは、日本海軍や海上自衛隊関係者のみならず、海軍ファンにも大きなショックを与えた。日本海軍に興味を持つ者なら一度は訪れてみたい料亭で、明治以来、海軍の将官たちが戦陣の垢を落としたであろう建物だけでなく、貴重な提督の書なども一緒に焼失したのは残念でならない。*1

日本海軍華やかなりし頃から、上陸後の楽しみはやはり綺麗な女性との一献なのは、今も昔も変わらない。しかしそこには、一定の風紀が存在した。まず飲食する場所については、士官と下士官が行く店は自然と分かれていた。*2

横須賀は「パイン」の愛称で親しまれた「小松」（松＝パイン・ツリー）、「フィッシュ」の「魚勝」、ややリーズナブルな、戸塚にある料亭は「ドアー」と称して士官が利用した。一方、佐世保では「ヤマ」（松楼）、「カワ」（いろは楼）が有名だ。

おでん屋などにもその暗黙の了解があり、佐世保の「水月」と「たこつぼ」というおでん屋は士官専用の感があって、一般の人もなかなか行かなかった。軍港から離れたなじみのない場所で飲食店に入る時も、士官は「一流の店に行け」と言われていた。

料亭とくれば、「エス」といわれていた芸者の存在は、海軍士官には欠かせない存在である。結婚を前提としない素人の女性とむやみに交際できない時代で、下手に素人と遊んでトラブルにでもなったら、海軍を辞めなくてはならない事態もあり得た。

*1 料亭「小松」は一八八五（明治一八）年に創業したが、創業当初は海岸沿いにあった。その後大正期の海岸埋め立てにより移転、その後同地で戦後まで長く営業を続けた。二〇一六（平成二八）年五月、火災により全焼、所蔵されていた旧海軍関係者の希少な書も焼失した。

*2 日本海軍時代には士官と下士官が行く店が明確に分かれていた。また士官の行く料亭も格式があり、若い士官がベテランの行く料亭に知らずに行くと顰蹙を買ったそうである。惜しくも火事で焼失した横須賀の「小松」は、将官クラスが利用する料亭として愛されていた。戦後になり海上自衛隊になっても若い幹部が利用することは憚れていたが、小松の女将はできれば若い幹部にも来てほしいと言っていた。

在りし日の「小松」の2階大広間。中央にある襖を取り外せば、88畳もの広さになる。初代女将の米寿を祝って88畳とされたそうだ。かつては海軍軍人によるさまざまな会合の舞台となったことだろう（写真／柿谷哲也）

ただしエスが相手だと、デートもお金がかかることになる。逆にエスに「Mる（モテる）」と、エスの方から何度も士官に会いたがるので、逆にお金がかからなくなる。例えばうまく座敷を抜け出してお気に入りの士官の部屋に来たりする。いつの時代でも、モテる男は得をするものだ。

　このように、海軍士官と料亭は切っても切れぬ縁であるが、「小松」など軍港地の料亭で遊ぶ場合、当時は同地の鎮守府在籍の艦であればツケが利いた。ところが、ツケがたまると仲居さんが若いエスなど連れて菓子折りを下げて各艦に請求にやってきたりしたそうである。とはいえ、軍港でない場所や、初めて入港したようなところではツケはできない。かといって一流店に入らなくてはならないから、結局無理をする。

　ある時、何人かで一見《いちげん》の料亭に入り、一晩やっかいになった。翌朝、請求書を見たら全員の有り金をあわせても勘定が足らない。仕方がないので名刺に不足金額を書いて後日まで勘定を待ってもらうことにした。*3

　すると女将が飛んできたので、名刺では駄目だと言われるかと思いきや「勘定を間違えておりました。申し訳ありません。これは御釣りです」と金を渡された。釣りをよく見ると、ちゃんと帰りの電車賃だったそうだ。古き良き時代とはこのことである。

*3　日本海軍の軍人は総じて金銭面において信頼が高く、歓迎されていた。しかし今でいうストレスのたまった者が酒を飲むと暴れることが少なくなかったそうである。

自由恋愛が許されない軍人の嗜み

使い方が大切

残暑厳しきおり、尾籠《びろう》な話で恐縮だが、海軍のエピソードを綴る上で避けられないのが「下の病」の話である。船乗りはどうしても長期にわたって狭い艦内にいるので、避けては通れない。その話に入る前に、まず当時の風紀を語らねばならない。

海軍士官は、今日のような自由恋愛はできない。基本的に准士官以上は勝手に結婚することはできなかったし、事前に婚姻願いを海軍大臣にまで提出して、調査が済んだあと、許認可された。

素人の女性と結婚を前提としない付き合いを自由にすることはなかなかできるものではなく、下手をすれば首が飛んだ。このため許される範囲で玄人を相手に遊ぶことが許されていた。そうなるとやっかいなのが〝下〟の病気である。

何事にも親切な海軍では、艦内で「性病予防講話」なるものがあり、丁寧に〝SA〟の使い方まで指導してくれたらしい。SAとはつまりコンドームのこと。艦の酒保で売っていて、商品名を「ハート美人」といい、極めて堅牢でゴムが厚いしろものだったという。[*1]

予防薬も官給品で、無料で支給されていた。「シークリーム」と呼ばれたが、中味の成分が何なのか、効能があるのかどうかすら、分からない。これを男性の本体にまんべんなく塗布してSAを装着すると感染しないとされたが、そもそも使用方法をちゃんと守らないので病気に感染する。感染した場合、病気が病気だけに統率上、憚ることもあり、病名は隠語で呼ばれていた。

例えば梅毒は「プラム」、淋病は「アール」といった。花柳界で

---

*1 SAの語源はサックのSackから来ている。当時は艦内の酒保で普通に売っていたそうである。気の弱い兵隊は買いにくいので、兵員の大便所にハート美人を入れた箱があり、代金を入れるようになっていた。誰にも知られず買うことができるが、お金を入れずに持ち去ることもできるわけだが、そこはさすが海軍、そのようなことはなかったという。そこで「無人販売」ではなく、「公徳販売」と言った。

奇跡と言われたキスカ島からの撤退作戦を成功させたことで知られる木村昌福提督夫妻。当時は自由恋愛は珍しく、結婚も勝手にはできなかった（写真提供／勝目純也）

は淋病を「濱千鳥」といったそうだが、理由を聞くと「海を見て鳴く=膿を見て泣く」からだそうで、絶妙のネーミングといえる。「プラム」も「アール」も今なら立派な薬があるから完治するのだろうが、当時は抗生物質などもなく、治癒するのに時間がかかった。

性病の類は酒が禁物で、宴会の席などでは「アール」の士官のとっくりには輪ゴムが巻いてあり、中にはお茶が入っていた。このため、そんな輪ゴム付のとっくりでチビチビやっていれば「あいつはアールだ」とすぐ分かったそうである。その他、痃横《おうけん》（鼠径部リンパ節が腫れる症状）は別名「よこね」と言われていたので「サイド」、睾丸炎は子供ができなくなると恐れられていたので「ノーボール」と言った。

ある時、病気にかかった兵に「ちゃんとSAを装着したのか」と問いただしたら「はい。ただもったいないので二度目は裏返して使いました」とか、「あれほどシークリームを頭によく塗れといったのに、どうして塗らないのか」と叱ったら、自分の頭に塗ったという。これでは予防できるわけがない。どこまで本当の話なのか、ネタなのか分からないが、大らかな時代だったことは確かだ。*2

*2 日本海軍は何かと親切で、「性病予防講話」は軍医科士官が全員に対して行ったり、軍医が不在の艦では各分隊の分隊士が行った。どこにも真面目な人がいるもので、全くその道で遊んだことのない（へべったことのない）若手士官だと教科書の講義のようで面白くなく、へべり屋だと体験談を交えて実に有効な話を聞けたという。

規則の範囲で最適かつ美しい艦名を
「名付け」へのこだわり

海上自衛隊最大の護衛艦「いずも」型二番艦『かが』が、今夏から公試に入った。『かが』はあの大型空母『加賀』の二代目で、空母型のヘリコプター搭載護衛艦にふさわしい艦名だ。しかし、海上自衛隊の艦船にも艦名の付け方が定められており、自由には命名できない。護衛艦は天象、気象、山岳、河川、地方の名が付けられるので、『いずも』と『かが』は由緒ある地方の名から付けられた。[*1]

もちろん日本海軍にも命名基準がある。昭和に入って、戦艦は旧国名、巡洋戦艦と重巡は山の名前、軽巡は河の名前となっていた。空母は縁起の良い瑞祥《ずいしょう》動物の名前だったが、戦争末期になると山の名前が付けられるようになった。戦艦『大和』や『武蔵』は旧国名だが、分かりにくいのが『扶桑《ふそう》』で、これは日本国の古い美称である。同型艦の『山城』は現在の京都府南部にあたる山城国から付けられた。

ではなぜ旧国名の『加賀』は戦艦でなくて空母かといえば、ワシントン条約で巡洋戦艦から空母に改造中の『赤城』と『天城』のうち、関東大震災で破損した『天城』の代艦として戦艦『加賀』が空母になったからである。『金剛』『榛名』『比叡』『霧島』も太平洋戦争では戦艦として活躍したが、もともとは巡洋戦艦であるし、重巡の『最上』型は軍縮条約対策として最初は計画的に軽巡として建造され、条約破棄と共に重巡に改造された経緯がある。

駆逐艦は天象、気象、植物の名前が付けられた。「海の狩人」と

*1 命名基準は新型艦が就役するタイミングで追加されることがあり、かつて潜水艦はかつて「海象」だったが、『そうりゅう』型の建造に伴い、「ずい祥動物の名」が加わった。近年は艦種も追加されており、護衛艦FFM、哨戒艦OPVが加えられている。

2016年8月、初の公試に出港、浦賀水道をゆく『かが』。就役は翌2017年3月で、2024年3月には飛行甲板を拡大する大規模な“空母化”改修を終えた（写真／花井健朗）

も呼ばれる駆逐艦だが、『吹雪』や『初春』『陽炎』など情緒あふれる名前である。[*2]

二等駆逐艦になると樹木の名前が付けられ、『樅《もみ》』『榧《かや》』『楡《これ》』『栗』『梨』と続いたため、「雑木林艦隊」と揶揄された。また、『鴎《かもめ》』という敷設艇があり、勤務した水兵が「カモメの水兵さん」と言われるのが嫌だったなどという逸話がある。

総じて見ると、帝国海軍の艨艟《もうどう》たちには品格があるというか、美しい名前が多い。それに対して外国の艦名の場合、武勲のあった軍人や政治家といった個人名を付けたりする。日本でいえば護衛艦『吉田』型とか『中曽根』型みたいなものだ。勇ましい名前も多く、直訳すれば「勝利」とか「栄光」など、派手な名前が珍しくない。[*3]

日本海軍では捕獲した戦利艦艇の命名にも派手な艦名は嫌われた。日露戦争の戦利艦には『壱岐』『丹後』『相模』『周防』など、日露戦争ゆかりの地名を付けていたし、最前線で捕獲した船に下手な名前を付けようものなら、「もっとスマートな名前を考えろ」と文句を言われたという。風情があり過ぎて逆効果となる場合もあった。太平洋戦争後半、多数建造された大型防空駆逐艦「秋月」型は、一番艦以降『照月《てるづき》』『涼月《すずつき》』『初月』と続くが、口の悪い海軍士官から「何だ、〝待合〟の名前ばっかりつけやがって」と言われたそうである。

*2　世界から注目された特型駆逐艦は同型艦が二四隻建造されたが、実に美しい艦名が付いている。『吹雪』に始まる「雪」シリーズから、『叢雲』に始まる「雲」シリーズ、『磯波』から始まる「波」シリーズ、『朝霧』から始まる「霧」シリーズと続き、『朧』から始まり『電』に終わる一文字シリーズと、詩情的で実に美しい。

*3　日本海軍では艦名に人名を用いていない。また、歴代の天皇の名前を付けたり、天皇に忠義尽くした武将名を付けたりすることはなかった。これは元々「神武」や「楠木」などと命名してはどうかと海軍側が明治天皇に意向を確認したところ、明治天皇は同意されず、国名から選ぶように指示されたという。一方諸外国では、王の名や将軍・提督の名は定番の艦名である。

人知の及ばぬ偶然の産物

運も実力のうち？［不運編］

戦争体験者の取材を続けていて思うことは、戦場ではどうしても幸運、不運がつきまとうということだ。「運も実力のうち」と言うが、頭脳明晰、沈着冷静、豪胆義勇といった軍人の良質を備えていた指揮官が「まさかあの人が」と周囲が驚き、惜しまれるように戦死した例が無数に存在する。

逆に「あんな奴、早く敵弾に当たって死んでしまえ」という憎まれっ子が無傷で生還したりする。今回と次回は、戦場でのこうした運、不運について書いてみたい。今回は「不運編」で、以前も少し取り上げた（64ページ）潜水艦の艦長S中佐の話である。

S中佐は沈着にして冷静、用意周到で綿密な頭脳を持ち、潜水艦の指揮官としての技量も人並み以上だったが、とかく不運だった。彼が呂二八潜の艦長だった昭和十（一九三五）年、演習の途中で能登輪島に入泊していた時、知らぬ間にモーター室が浸水し艦が動けなくなった。幸い人的被害はなかったものの、いくら調査しても原因が不明で、結局S艦長は責任者として懲罰を受けた。

その数年後、今度は伊六三潜の艦長となっていた彼は、ある襲撃訓練に参加していた。豊後水道で配備点に到着し、舷灯と艦尾灯のみを点出して漂泊していたが、そこへ伊六三潜の配備点を自艦配備点と間違えて北上してきた伊六十潜に衝突され、伊六三潜は瞬時に沈没。八一名もの殉職者を出した。原因は伊六十潜の当直将校が、伊六三潜の右舷灯と艦尾灯を小型船舶二隻と見誤り、この両灯の中間を通過しようとして衝突したという信じ難いもの

伊70の同型艦である伊68。次の［幸運編］で紹介する田辺艦長がヨークタウンを撃沈した艦である。伊68から伊73までの6隻は海大Ⅵ型aと呼ばれるタイプで、後に100番台の艦名となったが、伊70と伊73は改称前に沈んでいる（Photo/USN）

だった。衝突の衝撃で艦橋から海に放り出されたS艦長は幸い一命を取り留めたが、先の原因不明の事故もあって、部内では「不運の艦長」と称されるようになってしまった。

時は流れ、日米開戦が避けられない様相となった時、S艦長は伊七十潜の艦長を拝命することとなる。動揺が走ったのは伊七十潜の乗員たちである。開戦が避けられそうもない中、「不運の艦長」と戦場に赴くことに不安を抱いたのだ。[*1]

そして日米開戦となり、日本海軍潜水部隊約三十隻が、航空部隊の奇襲で退避や反撃に出てくる米艦艇を襲撃するためハワイの真珠湾を中心として配置された。しかし敵の厳重な対潜警戒のため戦果を挙げることとなく、逆に一隻の潜水艦を失うこととなった。その「太平洋戦争沈没第一号の潜水艦」こそ、S艦長の伊七十潜だったのである。一二月九日オアフ島ダイヤモンドヘッド沖で米空母らしきもの真珠湾に入港との報告を最後に消息不明となった。しかし、なぜか米側の資料には伊七十潜の沈没に該当する記録がない。[*2]

残念なことに乗員の不吉な予感は的中してしまったが、不運の連鎖はこれにとどまらなかった。のちに太平洋戦争の戦闘で沈んだ二隻目の潜水艦が、S艦長の伊六三潜に衝突した伊六十潜だったのである。[*3]

*1　伊六〇、伊六三、伊七〇はいずれも海大型の潜水艦で、太平洋戦争には三型から七型まで三三隻が出撃している。後に建造される新型の巡潜型と艦番号が被ったので、海大型には昭和一七（一九四二）年五月、新たに一〇〇番台が付与されたが、本エピソードの三隻は付与される前に沈没したのでいずれも2桁艦番号である。

*2　米空母機の攻撃を受けて沈没との説もあるが、同攻撃は伊二五潜が損傷を受けた攻撃とする説もある。

*3　伊七〇潜沈没の後、2隻が沈没しているが、そのうち呂六六潜は呂六二潜と衝突、続く呂六〇潜は座礁で、戦闘で失われたものではない。

「禍福は糾える縄の如し」か

運も実力のうち？［幸運編］

巡洋艦『熊野』は、レイテ沖海戦で飛行機、潜水艦、駆逐艦からそれぞれ魚雷を受けて沈没した不運な艦である。そんな中、生き残った航海士は「よく運が良かったと言われるが、それでは戦死者は運が悪かったとなる。遺族にはとても言えない」と筆者に話してくれた。とはいえ、それでも戦場にはどうしても幸運というものはあるものだ。

「いそろく号」と呼ばれ愛された伊五六潜も比島をめぐる戦いに参加し、敵空母群に魚雷を放ったが、逆に敵駆逐艦から徹底的に痛めつけられた。死を覚悟するほどの激しい爆雷攻撃に耐えてやっと浮上したところ、潜水艦の甲板上に「ヘッジホッグ」の弾体が不発で転がっていたという。

ヘッジホッグは一度に二四発もの弾体を発射し、艦への接触によって爆破する仕組みで、一発が爆発するとその衝撃波で残り二三発が全弾爆発するという恐ろしい対潜兵器である。船体に触れたこの一発が不発でなければ、伊五六は間違いなく沈没していただろう。*1

一方、「災い転じて福」ということもある。駆逐艦『野分《のわき》』はソロモンでの輸送任務で敵機の攻撃を受けて損傷。修理のためトラック島のドックに入渠した。この時、同艦の砲術長が乾ドックに張り出して敷設されていたトイレに行こうとして足場を踏み外し、落下したのである。なんと高さは八メートル。誰もが助からないと思ったが、落ちる途中で足場に引っかかって落下の勢いが止ま

*1　ヘッジホッグとは直訳は「ハリネズミ」のことで、英国が開発した新型対潜兵器。艦尾から海中へ投下し、設定深度で爆発する従来の対潜爆雷とは異なり、発射器より一度に二四個の弾体を投射する、多弾散布型の前投式対潜兵器だった。爆雷と異なり潜水艦に命中しないと爆発しないが、一発爆発すると衝撃波で全弾が誘爆する。このため命中が判定しやすく、命中しなくても爆発する爆雷と違い、爆発の衝撃波で目標の探知を失うことなく攻撃を継続できる利点もあった。日本海軍は戦争中、この兵器の性能を知り得ていなかった。

傾いた空母「ヨークタウン」の艦上から望む、艦尾を高く上げて沈没する駆逐艦「マハン」。この後、「ヨークタウン」も同じ運命をたどることになる。両艦とも伊一六八の戦果である（Photo/USN）

った上に、落ちた場所には重油が溜まっていたためこれがクッションとなり大きな怪我を負わなかった。とはいえ、怪我の完治のため『野分』から転勤せざるを得なくなったが、そのまま乗っていたら、彼の人生は終わっていたかもしれない。なぜなら『野分』はレイテ沖海戦で沈没し、全員が戦死してしまったからだ。

伊一六八の田辺弥八艦長ともなると、幸運が重なったケースだ。彼はミッドウェー海戦で米空母『ヨークタウン』にとどめを刺し、米軍に一矢報いた潜水艦長として有名である。

この時、田辺艦長は敵空母に近寄りすぎて敵前で三六〇度回頭。その後、放った四本の魚雷が横にいた駆逐艦『マハン』にも命中し、二艦とも撃沈している。

その後、伊一七六潜の艦長として再び前線に立ち、昭和一八（一九四三）年にはニューギニアのラエでの輸送任務に従事していた。その際、物資揚陸中に敵機の空襲を受け、急速潜航するも艦橋に多数の銃弾を浴びた。その際、乗員二名が戦死し、田辺艦長も胸に機銃弾を受けた。

幸運な艦長も「これで万事休すか」と思いきや、重症を負いつつも意識を失うこともなく一命をとりとめたのである。なんと機銃弾が心臓の一ミリ手前で止まっていたため命を取り留めたという、これぞ奇跡ともいうべき幸運だった。戦場での運・不運はまさに紙一重の世界のような気がしてならない。*2

*2 田辺艦長は負傷後潜水学校の教官となり、特兵部（潜水艦と特攻兵器を合わせてその研究開発、要員養成等にあたる）に転じ、終戦を迎えた。戦後も長寿を保ち、平成二（一九九〇）年に八四歳で亡くなっている。

交錯する親しみと反目

海軍さんと陸軍さん

その昔、共に戦った日本陸軍と日本海軍が親密であったかというとそうではなく、むしろ反目していた部分が少なくない。まず現在の自衛隊のような「統合幕僚監部」という組織もなく、そもそも情報が共有されず、何か一緒に事を起こすという発想がなかった。

たとえば戦前、北部仏印（仏領インドシナ、現ベトナム）に対しては平和裡に進駐する約束だったのにもかかわらず武力進駐した陸軍を、護衛担当の海軍が「協定違反」として現地に置き去りにしたり、高価なドイツ製水冷エンジンを陸海軍それぞれ別に購入し、戦闘機「飛燕」と艦爆「彗星」を別々に開発したりと、上層部になればなるほど、反目が目立っていたように感じられる。*1

一方、現場での陸軍とのエピソードを聞いてみると、なかなか興味深い話が多い。例えば戦時では、駆逐艦などに敵前上陸を控えた陸軍兵士を載せて戦地に向かう時など、できるだけ艦内の居心地の良い場所を提供したり、酒肴品を提供したりと、明日は死に行く兵士に暖かな配慮が見られる。これは、仲が良いというよりも、同じ日本人、軍人としての慈しみからくるものなのだろう。

とはいえ、それ以外、特に平時などになるとそうはいかないようだ。海軍の偵察機パイロットの話として、こんなエピソードがある。

海軍は外洋で敵艦や味方の艦を見つけて帰ってこなくてはならないから、大海原で迷わない航法を身に付けている。しかし陸軍

*1 「飛燕」は日本陸軍の三式戦闘機、「彗星」は日本海軍の急降下爆撃として採用された。両機とも洗練された機体デザインと性能は大いに期待されたが、発動機の不調、故障が続き、稼働率が低く、目立った活躍ができずに終わっている。後に両機とも空冷エンジンに換装して成功していることから機体設計は優れていたことが立証された。（換装後、陸軍は「五式戦」、海軍は彗星三三型になった）

海上自衛隊の「おおすみ」型輸送艦のウェルドックで出撃準備を進める陸上自衛隊の水陸両用車AAV7。3自衛隊もかつては連携がとれているとは言えない部分が多々あったが、近年は統合運用が進んでいる（写真／菊池雅之）

は基本、陸上を飛ぶので、目標のない航法は苦手だ。そこで海軍に陸軍の偵察機パイロットが講習に来ることになったのだが、「陸軍さんは鉄道に沿って飛ぶらしいね。じゃ、線路がトンネルに入ったらどうする？ トンネルの中を飛ぶのかい？」等とからかったという。今でいう「イジッている」感じだ。

またある時、海軍パイロットが陸軍の参謀を偵察機の後部座席に乗せ、巡洋艦からカタパルトで発進することになった。「参謀殿、必ずどこかにつかまっていてください」と頼んだが、「大丈夫！」と言った当の参謀殿、ろくにつかまりもしない。

飛行機が射出発進し、上空に上がって後ろを振り向くと、驚いたことに参謀殿がどこにもいない。まさか射出の衝撃で飛行機から放り出されたのか。それなら命はない。大変なことになったと思っていたら、どこからか声がする、よく見ると、尾翼下の機体から参謀殿が顔だけ出している。どうやら射出のショックで座席ごと後ろに飛ばされ、機体内部を通って尾翼の下の布張りを突き破ったらしい。仕方がなく飛行が終わるまで陸軍参謀殿は破れ目から顔を出したまま飛んでいったそうである。

少し話を盛っているようにも感じられるが、元パイロットの方も笑い話として語っていて、やっぱり少し陸軍さんをイジっている感じがする。

いやはや、海軍さんは陸軍さんには手厳しいものである。

ドラマは終わった──
人生は一期一会

陸軍と異なり、日本海軍には憲兵はなかったが、それでも艦隊が入港した時など、隊外風紀を取り締まる必要から、「衛兵隊」という組織があった。艦隊が入港すると、臨時に衛兵司令を置き、その下に若い兵科中尉が衛兵副司令として実際に歓楽街などを巡回して軍規・風紀を取り締まるのだ。今回は、この衛兵隊だった中尉から聞いたエピソードである。[*1]

飛行機乗りのその中尉は、艦隊が港に停泊中、機関兵曹が運転するサイドカーに乗り街を巡回していた。艦隊出港の朝、ある海軍御用達の料亭の前に思いつめた下士官が立っているのを認めた。その通りを陸軍が行進したりするので、どうにも見栄えが悪い。その下士官に問いただすと、この料亭で働く芸者と恋仲にあり、戦地に赴く前に一目会いたいという。中尉は哀れに思い、料亭の女将にかけあって一目会わせてやった。

それから何ヵ月か経ち、再び艦隊が入港した時、そんなことがあったのも忘れていた中尉がその料亭で芸者遊びをした。この時、相手をしてくれた芸者が妙に丁寧に正座をして深々と頭を下げる。やがてその芸者が、恋人の下士官に一目会わせてやったあの芸者であることを中尉は思い出した。その下士官は残念ながら戦地から帰ってこなかったが、それゆえ芸者は、衛兵隊であるにもかかわらず目をつぶって会わせてくれた中尉の温情に感謝したのだった。結局、二人は朝まで身の上話などをして別れたという。

やがて戦争が終わり、幸いにも中尉は無事、スラバヤで終戦を

*1 衛兵司令とは艦長が指定する分隊長が務め、その補佐が衛兵副司令である。兵科の分隊士が輪番で務めた。役割は本文にあるように艦内と上陸後の軍紀・風紀の取り締まりであるが、艦内では軍艦旗の揚げ降ろしや、艦内の衛兵の指揮、来訪者の対応などの実際の指揮を行った。

料亭「小松」にあった帽子かけ。ここに帽子をかけた海軍軍人一人一人にそれぞれのドラマがあったことだろう。往時を偲ばせる「海軍料亭」も、今は一軒も残っていない（写真／柿谷哲也）

迎えた。英軍の管轄下に入った部隊と英軍との連絡将校を任ぜられた中尉の復員は最後になってしまった。終戦から約二年後、やっと実家に帰ると、母親から不思議な話を聞いた。

中尉に戦地で世話になったという従軍看護婦の若い女性が訪ねて来て、そのお礼に、と戦後すぐの物資のない時に考えられないような贅沢な折詰弁当を持ってきてくれたという。それから何度も、近所まで用事があったついでに、と豪華な弁当を持ってきてくれたが、ある時からパタリと来なくなったというのである。彼には、その従軍看護婦が件の芸者だとすぐ分かった（母親の手前、芸者とは言わなかったのだろう）。一晩同衾もせず身の上話をした際、実家のことも語ったので覚えていたのだ。*2

芸者が勤めていた料亭の名前を憶えていたので、しばらくして訪ねたがすでに閉店していた。だが、芸者の元締めの老婆に会うことができたので事情を話し、せめて一言礼を言いたいと申し出ると、その元締めは「探すものではない。もうドラマは終わったんだから、そっとしておいてやり」と、中尉を諫めたという。

結局中尉は探すことを諦め、その芸者の本名も知らず、二度と会うことはなかったのである。

*2 当時の海軍軍人は芸者を「エス」と称した。客席では座布団を引かず、酒は勧められたら飲むことはあっても、食べ物は絶対に口にしなかった。お客との関係など情事に至ることは一切口が固く、秘密を守っていた。そんな玄人の心構えを表すエピソードである。

シートの色で分かる階級

大切な席次

ある日、ぼんやりと専門チャンネルを見ていると、海上自衛隊の艦艇を見学した人が写真を見せながら解説していた。その中で艦橋にある椅子を指し、黄色のシートがかかっている席が艦長、赤と青二色のシートが群司令と解説していて驚いた。階級的にも逆であるだけでなく、そもそも司令や艦長だから色が分かれているのでもない。海将・海将補が座る椅子が黄色、1佐が赤、赤青が2佐である。たまたまこの紹介された艦の艦長は2佐だったのであろう。[*1]

ちなみに、水上艦の艦橋では右に艦長が座るが、飛行機では左が機長で、回転翼であるヘリになると機長が右に位置する。航行中の水上艦の場合、左舷にある赤灯火を見つけた艦が、相手の針路を避けなくてはならないが、その際、艦橋右側に位置した方が発見しやすいと言われている。一方、飛行機の場合は、着陸する際、どこの空港でも滑走路を左に見ながら着陸する方法を標準にしているため、左側の視界確保の必要から、機長は左側に位置するのだ。これがヘリでは、護衛艦の飛行甲板に左舷側から進入するので、右側の視界確保のため機長は右に席を取るのだ。

日常での席でこだわりがあるのが潜水艦である。潜水艦において艦長は絶対的存在である。なぜなら、潜航していれば上級指揮官と頻繁には連絡が取れず、単艦行動が基本の潜水艦では「艦長＝艦の実力」とされているからだ。このように、潜水艦艦長は特別な存在で、艦内で唯一個室を与えられている。乗艦してきた群司

*1 水上艦では右舷に艦長、左舷に隊司令などが座る。黄色のカバーがかけられるのは乗艦時のみである。

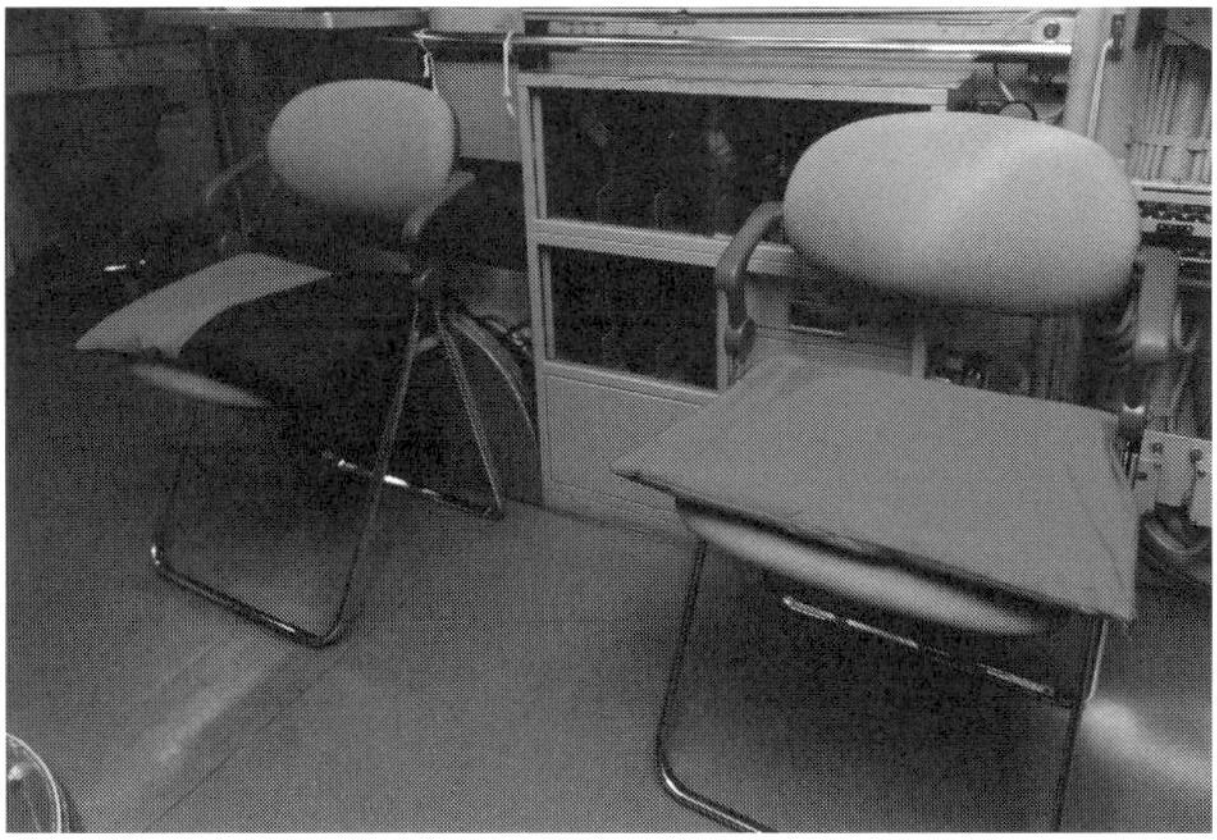

現在は全艦が退役している「はるしお」型潜水艦で見かけたパイプ椅子の艦長席（奥）と隊司令席（右）。水上艦のブリッジ同様、ちゃんと右舷側に艦長（赤・青ツートンのクッション）、左舷側に隊司令の席（赤のクッション）が置かれていた（写真／柿谷哲也）

令や隊司令といえども、副長の部屋など二人部屋に寝起きする。士官室で打ち合わせをしたり食事をしたりする席で上座には必ず艦長が座り、潜水艦隊司令官が乗っても譲ることはない。*2

　戦闘指揮においては、潜水艦には水上艦のような広い艦橋はない。右舷に潜水艦長、左舷に潜水隊司令などというスペースもなければ、単独で行動する潜水艦にはその必要もない。潜水艦艦長が艦の指揮を執るのは、潜航や浮上を司るバラスト・コントロール・パネルや操舵に関する装置のある発令所においてだ。

　最新艦では機関の制御も発令所で行うし、魚雷など攻撃兵器も発令所でコントロールする。このため発令所は立錐の余地もなく、艦長用の固定の椅子そのものがない。そうはいっても、出港してしまえばなかなか艦長は発令所を離れられない。椅子がないとさすがにもたないので、潜水艦長の椅子として折り畳み式のパイプ椅子が用意されている。実に合理的で便利だが、粗末な感じは否めない。

　それでも取材で潜水艦に乗った時、唸らされた。潜水艦の艦長は普通2佐だが、艦長が出してきたパイプ椅子には小さな座布団が付いていて、これがちゃんと「赤青の座布団」だったのだ。*3

*2　日本海軍と海上自衛隊の違いの中で大きいのは潜水艦長の位置づけであろう。日本海軍では潜水隊司令がしばしば潜水艦長の先輩であることから指揮が司令優先になることがあったが、海上自衛隊では明確に、あくまで指揮は艦長、司令は教育することはあっても指揮権を発動しない。たとえ司令、司令官が乗ってきても、士官室の席順は常に艦長が上座（誕生日席）である。

*3　最近の潜水艦ではパイプ椅子でなく、ちゃんと専用の折り畳み椅子がある。

勤務する艦によって変わる運命

軍医は忙しい

かつて江戸で流行した脚気は、大正時代に入っても結核と並ぶ二大国民病だった。日本海軍も脚気に苦しみ、海軍軍医が、ビタミンの欠乏が脚気の原因とつきとめて、海軍食に洋食や麦を取り入れ、脚気患者を激減させた。

軍艦で病人が出ることは戦力を低下させる。このため海軍では、脚気に限らず病気の予防や早期発見に力を注ぎ、軍医の育成に力を入れた。

当時、大学医学部の学生は、まず身体検査と口頭試問を受けて軍医学校に合格すると、軍医学生として手当をもらいながら勉強し、卒業すると軍医中尉（医専卒は軍医少尉）に任官した。艦船の大小にもよるが、通常、軍艦では軍医少佐または軍医大尉である軍医長と、軍医中尉が必ず乗っていた。[*1]

一方、駆逐艦や潜水艦では必ずしも各艦に、とはいかず、駆逐隊や潜水隊で軍医長一名と隊付の軍医中尉が配属されていた。そして軍医中尉は司令から職務執行で「○○軍医中尉は△月△日から駆逐に艦○○に乗れ」と、そのつど乗り組む艦を指定された。戦時中ともなると、任務に応じて乗艦指定がよく変わり、次々と違う艦に勤務した。そのため、武運に恵まれていた艦が転勤後に沈没したりして、軍医中尉は異動に一喜一憂したそうである。

隊付の軍医長の中には凄い軍医もいて、診察や検査の時、内火艇で各艦をまわるのが面倒、ということで、離れている僚艦の上甲板に水兵を整列させてメガホンで「上半身、裸になれ～、舌を

*1　日本海軍では駆逐艦や潜水艦でも軍医が交代で勤務しており、若い軍医中尉でも軍医長と呼称された。一方現在の海上自衛隊では基本的に水上艦に医官は乗艦しておらず、衛生長が簡単な応急処置をするにとどまる。ただし、艦内に医務室は設けられており、長期航海の時などは医官が乗艦する。

護衛艦「こんごう」型の医務室。かなりしっかりした設備が整っており、手術台や無影灯なども備わる。ただし通常の航海で医官は乗艦していないので、手術などは行えない。（写真／Ｊシップス編集部）

出せ〜」と命じて双眼鏡で診察した人もいたという。

こうした豪傑はごく一部であり、乗員にとって軍医は頼りになる存在であった。艦内ではなぜか盲腸になる者が多かったため、盲腸の手術をしたという逸話が多く残されている。それ以外にも、皮膚科で水虫の治療をしたり、男所帯ゆえに発生する性病の手当てもしなくてはならなかった。

海戦となっても、被害がない勝ち戦だと、軍医の仕事はほとんどない。戦闘配置もないので、それゆえ逆に恐怖心を覚えたという人も少なくない。[*2]

一方で、戦傷者が出れば、軍医は専門が内科でも外科処置をしなければならず、さまざまな分野の医療行為が求められた。戦争も後半になって闘いが激しくなると、短期現役制度などを用いても軍医が不足し、若き医者がどんどん海軍に求められるようになった。

そんな中、戦地で簡単な手術を受けることとなった人が、担当の軍医中尉に「娑婆でのあなた専門は何ですか？」と聞いたら、堂々と「産婦人科です」と言われて驚いたという。人出不足だったのだろうが、ひょっとしてほかに小児科医にもお呼びがかかっていたのかもしれない。[*3]

---

*2　軍医は戦時であっても被害を受けて負傷者が出ない限り、役目がない。激しい戦闘が始まってもひたすら待機だったので、配置がない時、人間は恐怖心がどうしても起こるという。ある軍医の話では、本でも読んで気を紛らわそうとしたが文字を追うだけで文章が頭に入ってこなかったという。

*3　太平洋戦争で艦が増えて軍医が足りなくなり、短期現役の臨時軍医も多数採用されるようになった。そこで産婦人科の専門医も駆り出されたのだろうが、小児科は聞いたことがない。

数十年経っても忘れぬ痛み

海軍と鉄拳制裁

かつて海軍兵学校では後輩教育に鉄拳が吹き荒れ、主に最上級生が最下級生を鍛えた。学年の名称は一般の学校とは異なり、一年生は「四号生徒（または三号生徒）」、最上級生は「一号生徒」と呼ばれた。[*1]

ところが兵学校六十期後半や七十期前半の人に直接話を聞いてみると、個人ではなくクラスで、毎日のように殴られたクラスと、ほとんど殴られていないクラスがあるという。そうなると、かつて殴られた最下級生が一号になったクラスは下級生を殴るようになるので、そのクラスを「土方クラス」と呼んだ。これは「やられたからやり返す」ではなく、殴って鍛えられたから後輩も同じ方法で鍛えるという発想らしい。

例えば七一期の人は、とにかく六八期に鍛えられた。一〇〇発までは殴られた数を数えていたが、途中分からなくなったといい、逆に一日一発も殴られない日があるとかえって落ち着かなかったという始末だった。

一時、兵学校では校長名で「鉄拳修正禁止」としたが、校長が変わり、六三期が一号になった時、「殴って育てないと何事もトロいとかで」、猛烈に六五期を鍛えたという。こうなると六五期が六八期を、六八期は七一期を、七一期は七三期を鍛えに鍛えた。

ちなみに、殴られた方はよく覚えていて、戦後の戦友会で、「何某さんには何発殴られました」と言われ、殴った上級生だったおじいちゃんが「もう勘弁してくれよ」と言って苦笑していたのを

*1 現代では新入生を1年生と呼び、2年、3年生と進級していく。防衛大学校でも基本同じである。しかし日本海軍では新入生を四年制度の時は四号生徒、三年制の時は三号生徒といい、最上級生を一号生徒と呼んだ。海兵の場合、最上級生が最下級性の教育をするので一号と四号ないし三号は良くも悪くも濃密な関係となる。

今も海上自衛隊第1術科学校ではかつての海軍兵学校の建物が大切に使われている。多くの海軍軍人を迎え、見送ってきた大講堂も健在で、今も海上自衛隊の将来を担う若者がここでさまざまな式典、行事などに臨む（写真／Ｊシップス編集部）

見たことがある。

一方、殴られない、殴らないクラスもあり、それは「お嬢様クラス」と呼ばれたという。本当に一発も殴られていないクラスがあるのかと、ハンモックナンバー六番で卒業した恩賜の短剣組の七〇期の人に聞いてみたら、本当に「なかった」とおっしゃる。ところがその夜、筆者の自宅にこの方から電話があり、「私の記憶違いでした実は一度だけ殴られました」という。

その方の話によると、ある時、風呂の脱衣所で褌が六枚、置き忘れられていた。これを見つけた一号が三号全員を集めて、「忘れた者は一歩前！」と怒鳴った。ところが思い当たるフシがないのか、誰も名乗り出ない。これを見た一号はさらに「兵学校の生徒たるもの、忘れたかもしれないと思っただけでもけしからん。そう思った者、一歩前に出ろ！」となった。

これを聞いたクラスヘッド、つまりクラスのトップ六人がすっと前に出た。褌を忘れた者が首席からちょうど六人なわけはないが、「よし」と言われてこの六人が殴られた。同じ七〇期の人の記憶では結局全員殴られたと言う人もいる。

「疑わしくは自主的に名乗り出ろ」とは海軍兵学校の教えの中でも美徳とされた。海軍士官たるもの、まずは紳士であれと説いた日本海軍の教育では、「しらばっくれる」「ごまかす」というのは極端に嫌われたのである。

求められる指揮官の度量

組織長たるもの――リコメンド

よく会社のトップは部下に「悪い情報こそ早く知らせろ」と命じることが多い。ところが上がってきた報告に怒り、責任を追及し出す人がいる。下手をすると、自分の報告で仲間が窮地に追い込まれることにもなりかねないので、部下は問題が発生したら、まず担当者間で大方の解決を図る。そして見通しが立ってからトップに報告をするようになるが、これでは貴重な時間を空費することになる。海上自衛隊の元艦隊司令官や群司令クラスに聞くと、これは上に立つ者として最もやってはいけないことだと断言する。

例えば、真夜中に当直士官に操艦を任せ、艦長は艦長室で仮眠を取っているとする。無論、艦長はその当直士官に任せられると判断して艦橋を降りている。それでも何かあれば、艦橋から艦内電話で報告をするが、仮眠を妨げられ不機嫌になって、「そんなこと、お前で判断できるだろ。いちいち電話してくるな」という態度を取れば、部下は何とか自分で対処しようとしてしまう。

それが成長を促すこともあるが、本当に当直士官の経験や能力を超える危機の場合、どうしようもなくなって再び艦長に報告した時には、すでに艦長の対処できることは限られている。そんな時、「なんでこうなる前に報告してこなかった。悪い情報こそ早く上げろといつも言ってるだろう。」と、その艦長は言うかもしれない。

それは違うのだ。部下が報告をしないのではなく、自分が報告を妨げる姿勢を取っているのである。[*1]

海自には「リコメンド」という方法がある。直訳すれば「薦める」

*1　日本海軍の美点として、たとえ若くても、正しい意見は堂々と言えるという風潮があり、上級者もそれを受け止める度量がある人が評価された。何事も自由に発言でき、それが正しきはお咎めなく意見が通ったという。

夕日の差し込む「はたかぜ」のブリッジ。写真奥の右舷側のシートに艦長が座っているが、たとえ海曹士といえど、おかしいと思ったらリコメンドすることができる（写真／Ｊシップス編集部）

であろうか。例えばベテランの海曹が若い砲術幹部に「リコメンド・ファイヤー」と言う。発射を躊躇している幹部に海曹からは命令できないので「早く発射する必要ありと認む」という意味が込められており、日本海軍でいえば「意見具申」であろう。これは幹部にとり大切な進言であって情報提供にもなる。

ところが「そんなことオマエに言われなくても分かっとる」と言ったら、もうリコメンドはしてくれなくなるのだ。人の上に立つ者は、常にイライラしていたら小物に見える、すぐ怒ったら幼稚に見えるということを肝に銘ずる必要がある。

ある潜水艦の艦長は非常に操艦が上手で部下から尊敬されていた。ある時、潜水艦と衝突しそうな漁船とヨットが近寄ってきた。艦長は漁船の船長はプロと考え、ヨットの方が心配で注視していた。そんな時、漁船が何を考えたのか潜水艦に近づいてきた。艦長以外の乗員は、艦長の操艦は抜群の技量、よもや漁船の接近に気が付いていないはずはないとリコメンドしなかった。こういう時に事故の魔の手は迫ってくる。経験・技術の差があっても、気がついたことはリコメンドする、――そして指揮官にはそれを受け止める度量が必要なのだ。

部下との信頼の積み重ね

組織長たるもの――統率

前回に引き続き、組織長たる者の条件を考えてみたい。今回はズバリ「統率」だ。軍隊の組織長に求められる統率力とは、簡単に言えば、理不尽ともいえる命令を受けた際、黙って「あの指揮官の命令とあれば、命の危険もいとわない」と思うか、「あんなヤツの命令をまともに聞いていたら、命がいくつあっても足りない」と反発するかだろう。

ただ残念なことに、統率力は必ずしも学習すれば身に付くというものでもない。指揮官本人の能力や経験に加えて、人間性がモノを言うのであり、部下との普段の信頼の積み重ねがいざという時に真価を発揮するのである。[*1]

軍隊は、部隊を指揮・命令する「将校（士官）」と、実務のオペレーターである「下士官・兵」に分かれる。海上自衛隊でいうと「幹部」と「海曹士」にあたる。当然ながら、自分の子供ほどの歳の上官に仕えるベテランの下士官は、イザという時に命を預けることができる人物かどうかを見極める能力が極めて高い。そのため将来一人前の士官になってもらうために礼節を持ちながら若い幹部を指導していこうとするモチベーションは持っている。それでも「こいつはダメだ」と思われたら最後だ。

旧海軍時代のエピソードだが、若い士官が転勤する時、内火艇が艦を離れたら、見送りの年配の下士官が涙をこらえ手を合わせて拝んでいたという話がある一方で、やっと疫病神が去ったと塩をまかれるケースもあったらしい。その差の根っこには、やはり

*1　一般的に部下に対しては、指揮・統率・管理があり、これを明確に別のものとして理解する必要がある。指揮とは階級と役職によって行うもので法令に違反しない限り部下は従わなくてはならない、いわゆる命令。管理は決められたことを決められたとおりに行わさせること。統率とは自分が期待している以上に部下が働いてくれることである。

重巡洋艦『高雄』の第3砲塔脇で撮影された主要幹部の集合写真。将校と兵の信頼関係はその艦の能力を大きく左右した。昭和16～18年にかけて同艦艦長を務めた朝倉豊次氏のアルバムからの一枚（写真提供／勝目純也）

その士官が部下を想う気持ちを持っていたかどうかであろう。

欠点や失敗におおらかで、時に厳しくとも感情をぶつけることなく、部下が困っている時こそ黙って助けてくれる指揮官に人はついていくのだ。要するに、普段から部下に対して関心を持っているかということであり、元気なのか、仕事で悩んでいないか、プライベートで困っていないか——見てないようで見ている指揮官に、部下はついていく。

ある若い水兵が水雷学校普通科に入学し、勤務していた駆逐艦を退艦することになった時、中佐の駆逐艦艦長が名刺に「入校おめでとう」と書いて金一封をくれたという。この水兵は百歳になった今も、その名刺を大切に保管している。また戦艦『長門』に少尉候補生で勤務していた人が、念願の少尉任官となった時、晴れて海軍少尉の制服で艦橋に詰めていると、山本五十六司令長官が一言、「任官おめでとう」と声をかけてくれたそうである。任官は定期的に一斉に行われる当たり前のことなので、普通は特に誰も何も言わない。しかし任官したばかりの若い少尉にそういう気遣いをするこの一言を、九十歳を超えた現在も「嬉しかった」と覚えているという。人はこういう人についていくのだ。[*2]

*2　少尉候補生は約一年実務経験を踏まえて少尉に任官する。山本五十六は当時連合艦隊司令長官であるから、大会社の社長が新入社員の試用期間が終わり、正社員になった時に「おめでとう」と声をかけられたのに等しく、それは記憶に残ることであろう。

胆が据わっていてこそ指揮官

組織長たるもの――度胸

前回から引き続き、部下を預かる上官・上司として必要な徳目について ご紹介したい。今回は指揮官としての腹の座り具合というか、「度胸」について述べたい。

日本海軍は常に「指揮官先頭」をモットーとしてきた。一方、海上自衛隊では、司令官が最前線に出るのはデメリットが多いとされているが、意識の上での「指揮官先頭」は今日も生きている。そのため艦が危機的状況に追い込まれた時、乗員は一斉に指揮官の顔を見るのだそうで、これは昔も今も変わらない。そんな時に動揺を見せ、うろたえたら士気は一気に下がるので、艦長を務めたことがある人なら、必ずそうならないように意識するという。[*1]

海上自衛隊のある潜水艦長は、艦内で火災が起きた際、乗員が訓練通りに動かず、浮足だった時、「座布団を持ってこい」とおもむろに命じて、ゆっくり艦長席に座わった。それを見た乗員は落ち着きを取り戻し、冷静に消火作業を行ったという。

その逆の例もある。これも海自の話だが、射撃訓練の際、標的を曳航していた艦自体に誤って砲弾が飛んできた。砲弾が標的に向かっているのか、自分の艦に迫っているのかは音で分かるので、曳航していた艦のブリッジでは全員が身を固くしたという。次の瞬間、すぐ近くに着弾し水柱が上がったが幸い被害を受けることは免れた。その時、肝心の艦長は？ といえば、咄嗟に物影に隠れていたそうである。以後、この艦長の乗員への統率力は全くなくなったという。やはり、どこか胆が据わっていないと部下には信

*1 司令と艦長、艦長と副長のような関係で多くを語らず、阿吽の呼吸でことが進むのと、いちいち対立しているのでは組織の生産性や働きやすさは雲泥の差であろう。

スラバヤ沖海戦で日本海軍と死闘を繰り広げた末、右舷に大きく傾き沈みゆく英重巡洋艦『エクセター』。生存者は一緒に撃沈された英駆逐艦『エンカウンター』などの生存者とともに『雷』に救助されている（Photo/USN）

頼されないのだ。

かの有名な駆逐艦『雷《いかずち》』の工藤俊作艦長[*2]の部下だった方に聞いたことがある。『雷』は太平洋戦争のスラバヤ沖海戦で、僚艦とともに撃沈したイギリス艦の四二〇名もの乗組員を三時間にもわたって救助したことで知られる。この時、工藤艦長は航海長にたった一言、「おい、助けてやれよ」と言ったそうである。

このように、度量のある工藤艦長だが、その前の香港沖で戦った時には、敵の哨戒艇を追い詰めたが、追撃しすぎたため陸上砲台の射程内に踏み込んでしまった。こうなったら陸砲にはかなわない。周囲に次々と水柱が上がる状況になった。普通なら相当慌てる状況であるにもかかわらず、工藤艦長は全く普段と変わらず、部下に操艦を任せていたという。この工藤艦長の態度を見た乗員は皆、「この艦は沈まない」と思ったそうである。

やはり指揮官たるもの、どこか胆の座ったところがあって、部下はそれを見て危機を乗り越えられるのだろう。民間でも同じ。命のやりとりはなくても、クレーム顧客に対して、なんだかんだと理由をつけて部下に任せきりにし、絶対に対応しない上司、あなたの近くにもいませんか？

*2　工藤俊作艦長は海兵五一期で当時は海軍中佐である。六尺の豊かな体格と髭を生やした丸顔に、当時の艦長としては珍しくメガネをかけていた。部下に分け隔てなく接し、部下から厚い信頼を寄せられていた。

50回の感謝をこめて

後世に残したい海軍精神

本連載も節目の五〇回となりました。これもひとえに拙文にもかかわらず、『歴史群像』の編集の方にも根気よく編集いただいたこと、そして、八年にもわたり応援して下さった読者の皆様のお陰と、この場を借りて御礼申し上げます。

そもそもこの連載は、前編集長と一献傾けていた時に、海軍のこぼれ話をいろいろ話していたら、「ぜひそれをエッセイとして連載しませんか？」と依頼されたのがきっかけで始まった。

簡単に引き受けたものの、いざ書こうとしたら、海軍はもちろんのこと、海上自衛隊にも籍を置いたことのない自分に果たして書き続けられるだろうかという不安が頭をもたげた。しかし引き受けた以上、簡単にやめるわけにはいかない。そこで、紹介する話は基本的に私が海軍や海自の方々から直接聞いた話をベースにしようと決め、まれに本などから引用する場合は、その旨を記載するよう努めている。

それでも重巡『熊野』と『青葉』のやりとりについて紹介した時（52ページ）には、ネットで「捏造ではないか」と書かれてしまった。あのエピソードは数少ない『熊野』の生存者と『青葉』の乗員との会話を傍で聞いていたので間違いはない。

そんなこだわりもあって、いつだったか『歴史群像』巻末の「読者の声」に、海自OBの方から、「このエッセイを読むと、現役の頃を思い出す」という望外の嬉しい感想をいただいたこともある。

とはいえ、それでもやはり海軍や海自のこぼれ話を紹介することには限界を感じる。というのは、最近、海軍出身者の方々に取材して思うことがある。九十歳を超える長い人生の中で、海軍に在籍されていた年数は長い方でも十年に満たない。にもかかわらず、全ての人が価値観、生き方、所作、振舞いの何もかもが海軍式なのである。その理由を尋ねた時、ある元海軍士官は「海軍は、私の一生を規定した存在であった。真正直で私心を去り、心をいつも澄ませておこうとしている」とおっしゃり、海軍がなくなっても、できるだけその精神を意識して生きているのだという。そして最終的には「日本海軍に入った者でなければ分からないことがあります。あんなにスマートで、素晴らしい世界はなかった。もうそれだけです」と語られた。ここまでくると、私のような部外者は遠く及ばない。[*1]

　もしかしたらやっぱり書いていけないテーマかもしれないと思いつつ、でもそのまま忘れられてはもったいない話も沢山あるのも事実。どんな形にせよ、後の世に残すことが大切と思い直し、次回からの連載五一回目に臨むとしよう。

重巡洋艦『高雄』艦上で白い第二種軍装を着用して写真に収まる主要幹部。かつてスマートな海軍士官として青春時代を送った人たちは、戦後もその矜持を決して失わなかった（写真提供／勝目純也）

*1　海軍兵学校、海軍機関学校、海軍経理学校、いわゆる海軍三校の出身者は何年を経ても海軍式を守り、三校出身者という経歴に恥じぬように常日頃から自分自身を律している姿が極めて印象的であった。彼らはクラスメートにとどまらず、海軍出身者との再会を果たせる毎月の戦友会を楽しみにしていた。「昔の仲間に会うと元気が出て背筋が伸びるよ」とよくステッキを忘れて帰る人がいたものだ。

筋を通すか人命を尊重するか——

戦場での温情

太平洋戦争末期、島嶼防衛にあたる日本軍は迫り来る米軍の攻撃を受け、孤立を余儀なくされていった。輸送船や飛行機はもとより、駆逐艦すら投入して物資を運んだが、被害なく輸送を行うことはますます困難となっていった。

その中で、潜水艦による輸送は細々とではあったが続行され続けた。とはいえ、潜水艦輸送は過酷な上に、乗員にとって悔しい思いをする任務だった。輸送任務は往復に成功して初めて任務達成となる。時に魚雷攻撃が可能な敵艦船を発見しても、返り討ちにあってしまったら輸送任務は達成できないので、黙ってやり過ごすしかなかった。*1

あるサンゴ礁の小さな島への輸送任務に赴いた潜水艦があった。食糧は底を突き、非常に追い詰められていたその低平な島に、この潜水艦は食糧を届け、そして復路には島に残っていた軍属四二名を収容して帰ることとなっていた。

当然のことながら、島に滞在する時間は短ければ短いほどよい。少しでも早く島を離れるために、大急ぎで食糧を大発に載せで島に運び、復路で軍属を乗せて帰艦した。*2

出港後、すぐさま潜航してやっと一息つくことができたため、ある先任将校が収容リストに基づいて、収容した軍属の点呼を行った。ところが、やがて先任将校は、おかしなことに気づく。なんと、収容者が一名多いのだ。無断で乗ってきた軍属を探し出して事情を聞くと、乗れる予定ではなかったのは知っていたが、物

---

*1　潜水艦による輸送任務は物資を届けることが任務なので、危険を犯しての敵艦襲撃はチャンスがあっても断念せざるを得ない。かつ敵の勢力圏下に隠密に補給するので大変危険な任務であった。それでも味方将兵の悲惨な状況を少しでも救うべく、潜水艦乗り達は過酷な輸送任務を黙々とこなした。

*2　この作戦に従事したのは伊三六六で、元々陸戦隊を奇襲上陸させる目的で開発された潜水艦であったが、後に輸送用として活躍した丁型潜水艦の九番艦である。輸送任務以外に回天作戦にも使われ、戦時中に八隻が失われた。

食事中の潜水艦乗員たち。輸送任務に就いた潜水艦は各種の物資を満載して敵の威力圏下を突入、復路はただでさえ狭い艦内に便乗者を迎え入れ、献身的に不向きな任務をこなした（写真提供／勝目純也）

資搬入中に家族に会いたくて思わず乗ってしまったという。

先任将校は、これは困ったことになったと思った。いくら軍属といえ、これは明らかな敵前逃亡という命令違反である。かといって、せっかく出港できたあの島に戻るのは危険すぎるし、家族を思う気持ちも分からないではない。筋を通すか、それとも艦の安全や、人命を尊重するか……。かの先任将校は非常に悩んだという。

そこで彼は艦長とも相談してハラを決めた。確かに島に残る同僚が飢えと戦いつつ頑張っているのに、自分だけ持ち場を離れたその行為は許しがたい。しかし家族を思い、やっとここまで来たのに、今さらこれを公にしてどうなるというのか……。*3

その時、先任将校は手元の名簿を見てあることに気が付いた。名簿の記入欄には一行空欄があり、収容人員数のところには漢数字で「四十二名」とある。そこで、空欄に脱走した軍属の名前を書き込み、漢数字の「二」の真ん中に一本横棒を書き込んで「三」とし、最初から四三人のリストにしたのである。

その後、内地に戻ってどんな沙汰になったのかは分からないそうだが、結果的に一人の軍属の命が助かったことになる。過酷な戦場にも、少しの温情は残っていたのである。

*3　このエピソードはトラック島に西に位置するメレヨン島への補給任務での実話である。同島には海軍の基地要員約三〇〇名、陸軍第七一師団 歩兵第八七連隊 第五派遣部隊（連隊長：天羽馬八陸軍大佐。終戦時は少将）の約二一〇〇名が守備していたが、約二カ月で食料困窮状態となった。低平な珊瑚礁の島であるため、農作物の栽培が困難で、森林等もなく、食料不足は極めて深刻だった。

Column

海軍士官と海軍将校

日本海軍において海軍将校と称されるのは兵科と機関科士官に限られた。それ以外の軍医科、薬剤科、主計科、造船科、造機科、造兵科（後に造船造機造兵を技術科と称した)、水路科、歯科医科、法務科の士官は、将校相当官といい、総称の場合は海軍士官と言っていた。まれに“主計科将校”などという表現があるが、これは間違っている。

指揮権の継承を表す軍令承行令なるものがあるが、指揮できるのはあくまで海軍将校に限られる。その序列は毎年発行される現役海軍士官名簿の序列による。機関科は昭和17（1942）年11月1日に兵科と一系化されたが、指揮継承権はそのままで、兵科の次に機関科の指揮権が継承されていた。例えば軍艦などが不幸にして大きな損害を受け、一番若い少尉を除いて艦長や副長など兵科将校の全員指揮が執れないとなった場合、たとえ機関大佐が健在でも、指揮権はこの少尉に継承されることになっていたのである。これは永年にわたり問題となっており、ようやく昭和19（1944）年8月に最後の承行改正で解決した。

戦争が近づくと、2年だけ現役を務める短期現役士官制度が軍医科、主計科、技術科で誕生して、一般大学を卒業した者も海軍士官になった。また、戦争が激しくなると大学生を採用した予備士官制度も採り入れられ、多数の若者が祖国の危機に立ち上がった。このほかにも海兵団に入団し、水兵から下士官を経て士官になる特務士官が存在した。いわばたたき上げのベテランで、数は少ないが各分野のエキスパートであった。

これを海上自衛隊と比較してみると興味深い。海軍三校に相当するのは防衛大学校であるが、陸海空に分けずに幹部を養成する学校は珍しい。防大時代に海上要員に指定された者は、海上自衛隊の幹部候補生学校でさらに専門教育を受けるので、幹部になるには5年を要する。ただし幹部候補生学校には学歴を問わず試験さえ合格すれば入学できるので、強いていえば予備士官に近いものがある。特務士官の制度は海自ではC幹部といわれるものがあり、海曹長といわれる曹の最上級者が、3尉になる制度がある。

第四章

平成三一／令和元（二〇一九）年〜令和三（二〇二一）年

海軍仕込みの気迫とユーモア

ある海軍軍人を偲ぶ

昨年十月、谷川清澄さんが亡くなった。百二歳の大往生だった。兵学校（六六期）を卒業した谷川氏は、スラバヤ沖海戦において、撃沈した敵艦の将兵を救助したことで知られる駆逐艦『雷《いかづち》』の航海長である。その後、ミッドウェー海戦やガダルカナル島への輸送作戦にも従事した経験を持ち、戦後は創成期の海上自衛隊を支えた。海自を引退された後は都会の喧騒から離れ、ゴルフが好きだったこともあってゴルフ場の近くに文字通り「ご隠居」の身で居をかまえられた。

決して都会から近いとは言えないその地には、氏を慕う自衛官や若者がたびたび「谷川詣で」を繰り返し、「引退してからの方が客人は増えました」と語っていた。[*1]

孫のような年齢の人まで、多くの人々が谷川氏の人柄を慕って遠路、自宅を訪ねていたわけで、かくいう筆者もその一人である。お会いした時は九十歳を超えていたが、記憶は鮮明で質問への回答もシャープだった。その話の中で、印象深く感じたことがいくつもある。

スラバヤ沖海戦の敵兵を救助した逸話について、「美談として書かんでください」と言われた。要するに、味方だろうと敵だろうと、状況が許せば溺者を救助するのは海軍では当たり前だったそうである。またミッドウェー海戦の出撃前に、港で見ず知らずの町の人に「海軍さん、次はミッドウェーだそうですね。頑張ってください」と言われて、腰を抜かすほど驚き、真珠湾攻撃の時と比べ

---

*1　谷川清澄氏のご自宅にはよく伺い、お話をお聞きする機会に恵まれた。決まってお昼前にいらっしゃいと言われ、近所のご本人が大好きなゴルフ場のレストランでランチをご馳走してくださった。ご本人いわく「隠居の身になってからの来客が多くて不思議なことです」と謙遜されたが、谷川さんの貴重な体験談は無論のこと、その人柄にひかれて通う人が多かった。

若き日の谷川清澄氏。谷川氏は大正5（1916）年、福岡県生まれ。海軍兵学校には65期生として入学したが、病気療養のため1年卒業が遅れ、66期卒業となった。平成30（2018）年10月、102歳でこの世を去った（写真提供／勝目純也）

てあまりの気の緩みに、大いに不安を覚えたという。案の定、結果は大敗北を喫するのだが、このとき乗艦していた駆逐艦『嵐』の水雷長として、大破して漂う空母『赤城』処分のための魚雷を発射したのも谷川氏だった。人生の中で、人前で泣いたのはこれが最初で最後だったという。

そんな歴史的な軍歴を持つ谷川氏だが、戦後には海上保安庁を経て海上自衛隊に入り、後に練習艦隊司令官や佐世保地方総監を歴任し、海将で勇退している。谷川氏は海上自衛官としても不屈の精神を発揮したエピソードが多い。

例えば、中央の要職にあった時、予算要求の場で内局の高官に非常に厳しい人物がいたそうである。無礼なことを言ったら短刀で差し違えてやるつもりで予算交渉に行ったら、存外あっさり承認されたというから、無言の気迫を谷川氏から感じたのかもしれない。その話を聞いた時、筆者は「失礼な質問をするかもしれませんが、短刀はお持ちではないですよね」と聞いたら、ニッコリと笑顔で「大丈夫、今日は置いてきました」。百歳近くになっても、ユーモアの返しが一流だった。*2

谷川氏にお会いできるだけで幸福だった多くの人達にとって、突然の訃報は未だに信じがたい。ご冥福を心よりお祈りいたします。

*2　短刀を忍ばせた話は、あらためてご本人に「本当ですか」と聞いたところ「本当です。侮辱をされたら差し違えるつもりでした」と決然と答えられた。

臨死体験か デジャブか

不思議な夢の話

縁起の良い初夢というと「一富士二鷹三茄子」が頭に浮かぶ。富士と鷹はなんとなく縁起が良さそうなので分かるが、なぜ茄子なのかと思い、調べてみたら「ことを成す」のゴロ合わせらしい。昔の人はゴロ合わせの縁起担ぎが好きだったようだ。

不思議な夢の話を海軍の方に聞いたことがある。ある潜水艦乗りの方が突如、腹痛を訴えた。みるみるうちに体調が悪くなり、ついに意識不明となって病院に担ぎ込まれた。診察した結果、腸チフスであることが判明。昔の腸チフスは命にもかかわる恐ろしい病気だ。

その意識不明のさなか、夢なのか臨死体験なのか、彼は花畑を歩いていたという。すると大きな川があり、対岸には綺麗なお嬢さんが手招きをしている。早速、渡ろうと辺りを見回したら小さな船を見つけて乗ってみると、櫓がない。「櫓がなくては渡れないな」と諦めたとたん目が覚め、病床にいた潜水隊司令や潜水艦長、家族が歓声を挙げたという。もしあのまま無理にでも川を渡っていたら……と思うとぞっとしたという。[*1]

また、こんな話もある。とても仲の良い戦友同士が、戦争が終わったらお互いの郷里に遊びに行こうと約束し、住所を取り交わした。ところが不幸にも片方の戦友は戦死してしまった。戦争が終わり、生き残った方は復員したが、食うことに精一杯。戦友の郷里を訪ねたくてもその余裕がなく、そのままになっていた。

そんなある夜のこと、戦友が夢に出て来て実家に来てくれとい

*1 この話はいわゆる「臨死体験」であろう。戦場での異常心理ではない比較的穏やかな日常での話なので信憑性も高い気がする。腸チフスはチフス菌がもたらす感染症で、衛生状態が不良であった戦場や、国内でも明治初期から終戦後によくみられ、死に至ることもあるやっかいな病気だった。

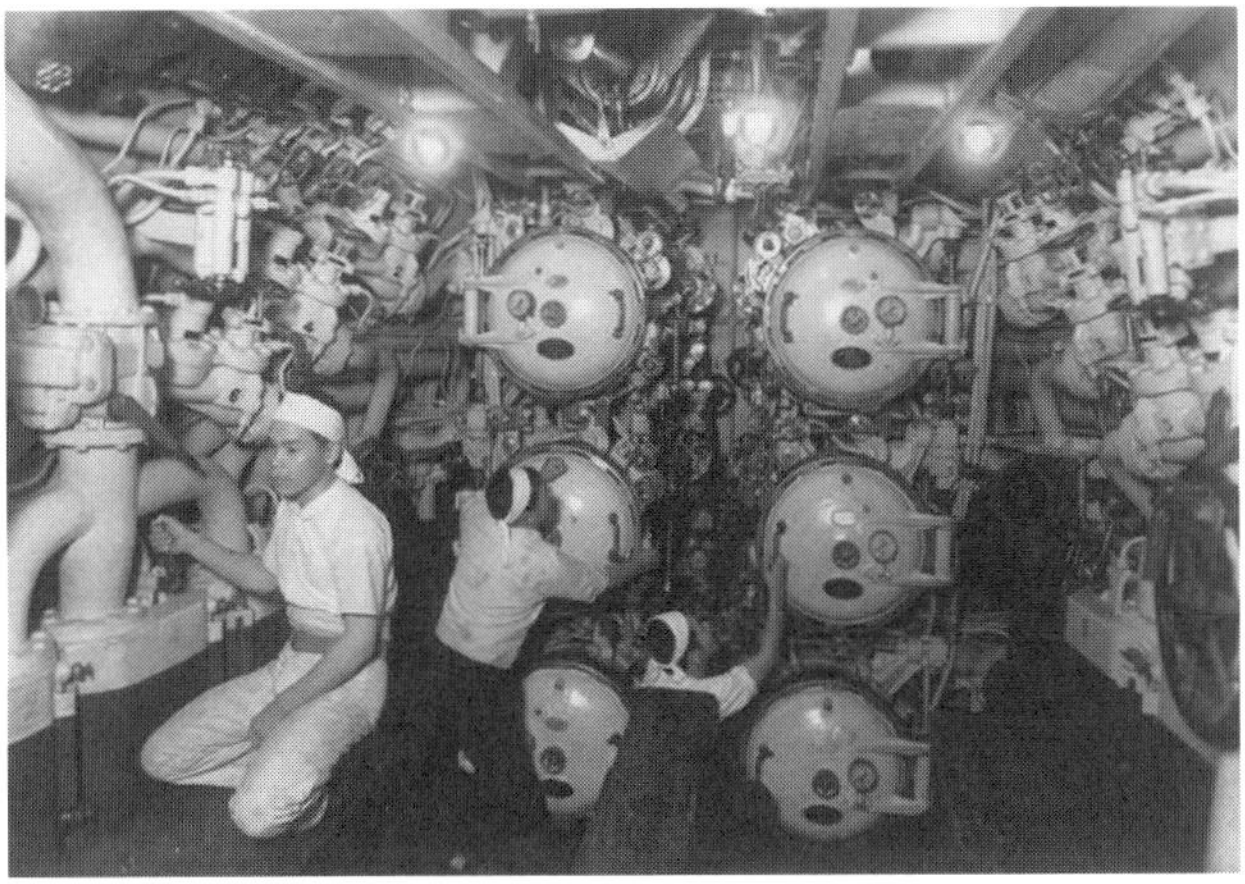

伊47の魚雷発射管室。潜水艦はアットホームな雰囲気で知られた。乗員たちの絆や友情にも強いものがあっただろう（写真提供／勝目純也）

う。それを受けて夢の中で田舎の山道を歩き、林を抜けると一軒の家があり、それが戦友の実家だった、というところで目が覚めた。

行かなければ、とは思ったが、やはり生活に追われてなかなか行けない。すると何度も同じ夢を見るので、「これは本当に戦友が呼んでいるに違いない」と思い、意を決して訪ねてみることにした。

記憶した住所を頼りに山道を歩き、林を抜けたら何と夢と同じ景色の中に一軒屋があり、本当にそこが戦友の家だったという。もちろん彼はそこには行ったことはない。約束を果たせたことへの安堵感と、戦友の友情を強く感じたという。

もしかしたらこれは、前に見た景色と錯覚する「デジャブ（既視感）」という心理状態が原因なのかもしれない。これは若い時にはよく感じるが年を取ると少なくなるらしい。

デジャブは客観的に証明することが困難で、研究を進めるのも難しいようだが、この戦友の夢の話は、林を抜けた景色について「これは見たことがある」ではなく、すでに「夢で見た景色をはっきりと覚えている」のだ。その意味では、この夢の話は「デジャブ」と少し違うようにも思えるし、何よりも筆者としては、やはり戦友が道案内をしてくれたのだ、と思いたい。

学校の成績では測れない実力

個性が大切

本号が店頭に並ぶ頃、厳しかった受験戦争を勝ち抜いた新入学生も新しい学校に慣れてきたのではないだろうか。受験といえば必ず話題になるのが偏差値だが、秀才が集まったという海軍兵学校の偏差値は、いったいどのくらいだったのだろう。当時は兵学校のすべり止めが東京帝国大学（現・東京大学）、と聞いたことがあるので、それ以上だろうか。

そんな秀才ばかりの兵学校での成績の順番が、俗にいう「ハンモック・ナンバー」である。日本海海戦で名を馳せた名参謀・秋山真之はトップ、有名な山本五十六は一一番、最後の海軍大将・井上成美は二番というように、ハンモック・ナンバー上位の人には有名かつ高官となる人が多い。

ある時、潜水艦の士官は成績が悪い人が多いと聞いたことがあったので調べてみたが、そんなことなく、万遍なく散らばっていた。ところが調べてみて気が付いたのだが、潜水艦士官の中で、太平洋戦争で空母や戦艦を撃沈・撃破した有名な潜水艦長のハンモック・ナンバーは決して高くないのだ。空母『ヨークタウン』を撃沈した艦長は一一一名中六二番、重巡『インディアナポリス』を撃沈した艦長は一二三人中九五番、空母『サラトガ』を撃破した艦長は二五五人中二四六番である。そして最も驚いたのが、一回の襲撃で空母『ワスプ』撃沈、戦艦『ノースカロライナ』撃破、駆逐艦『オブライエン』撃沈という、日本海軍潜水艦戦史上、最高の戦果を挙げた艦長は、二五五人中なんと二五五番だったので

伊19からの魚雷が命中、水柱に包まれる駆逐艦『オブライエン』。左奥には炎上する空母『ワスプ』が見える。驚異の戦果を挙げた伊19の木梨艦長は、兵学校では成績が最下位だった（Photo/USN）

ある。この潜水艦長は二階級特進したが、他の二階級特進の潜水艦長二人も二七二人中一八二番と、六八人中四一番だった。*1

　これらの艦長に部下として仕えた生き残りの潜水艦乗りたちに「たまたまでしょうか？」と聞いてみると、存外偶然ではないとする意見が多かった。エリートは基本的にまじめな人が多く、命令通り、セオリー通りに動くが、先の艦長たちは破天荒だったり、時に大胆、かと思えば慎重だったりと、人の考えないようなことをする時があったそうだ。

　演習で空母を追いかけて襲撃する訓練の時のこと。行動中の二隻の潜水艦のうち、どちらを空母に向かわせるか考えた司令官は、まず遠い位置の潜水艦に追躍を命じた。幕僚は「なんでわざわざ遠い潜水艦に行かせるのか」首を傾げた。

　ところがその艦長、水上航走で大胆にもどんどん突っ込んで、ついに空母に追い付いた。近い位置の艦長は慎重に進むので追いつけなかった。幕僚が「なんで追い付けると思ったのですか」と司令官に聞いたところ、「アイツとこの間麻雀をやったら、大胆でめっぽう勝負強かった」ので試してみたくなったそうである。

　この艦長のハンモック・ナンバーは知らないが、実戦では意外とそういう破天荒な人が戦果を挙げるのかもしれない。学生諸君、学校の成績だけが総てではないですゾ。*2

*1　『ヨークタウン』撃沈は伊一六八の田辺弥八艦長、『インディアナポリス』撃沈は伊五八の橋本以行艦長、空母『サラトガ』撃破は伊六の稲葉通宗艦長、空母『ワスプ』等撃沈は伊十九の木梨鷹一艦長である。

*2　ただしくれぐれも誤解なきようにだが、兵学校の席次が下位といっても全国の中学の秀才が全国から受験する海軍兵学校に合格した人達なので、「東大が滑り止め」の頭脳であったことは忘れてはならない。

多くの人が目にする出版物の利点

記事が取り持つ縁

昨今、大変残念なことに戦争体験者のお話を直接、お聞きする機会が激減した。それもそのはず、来年で終戦七五年であり、当時二十歳だった方も来年で九十五歳、さらに実戦の体験談を語れる方ともなると、百歳近い方々からお聞きしなければならなくなるのだ。筆者が特別に入会を許され、二五年にわたって会員にさせていただいた海軍のとある戦友会も、ピーク時には八〇名を超える会員がいたが、やがて出席できる方々がいなくなり、今では事実上、戦友会としての役目を終えている。

この戦友会の集まりは、毎月必ず第三金曜日の昼に始まった。円卓を囲んで中華料理に舌鼓を打ちながら、筆者は間近でお話を拝聴したりした。ときにはご自宅を訪問し、さらに詳しいお話を聞いた。こうした日頃のお付き合いの中からインタビューのテーマを見つけるわけで、深い話や、結果的に活字にできないエピソードも数多く聞けた。

『歴史群像』では、この戦友会の方々の体験談を二四本、インタビュー記事として書かせていただいたが、あらためて取材ともなれば慎重に対応した。個人的に話を聞くのと、雑誌を通じて世に出すというのには大きな違いがあり、責任が伴う。このため、まず小誌の主旨を説明して納得いただいた上でインタビューを実施する。記事をゲラの状態で読んでいただき、事実関係や日付などに間違いがないか、語っていただいたお気持ちに対して異なった解釈をしていないかなど、確認を取るのは当然だった。

昭和19（1944）年、米空母機の空襲下にあるメレヨン島ことウォレアイ環礁。メレヨン島には第68警備隊・第49防空隊などで編成された海軍第44警備隊（司令宮田嘉信海軍中佐）など、陸海軍部隊約6400名が展開したが、死没者4800名といわれ、毎日10名近くが餓死する生き地獄の島と言われた（Photo/USN）

ところが、ある潜水艦乗りの方にインタビューしたとき、ゲラでご本人の確認も終わり、さぁ明日、印刷所に原稿を渡す、という段になって、ご本人から突然、掲載を中止したいとの連絡がきた。小さな行き違いが原因だったのだが、この時は筆者も編集部も凍り付いた。今日が締め切りであり、他の記事と入れ替える時間はない。その時編集長が何とか説得して承諾を取り、事なきを得た。

ただこれには後日談がある。この方が乗艦した潜水艦が南方のメレヨンに輸送を行い、その帰路に、不時着したパイロットを救出する任務に赴き、そのことを記事に書いたのだが、何とその救助されたパイロットがご健在で、偶然この記事を読み、「あの時、自分を救ってくれた潜水艦乗りの方にやっとお礼が言える」と編集部に連絡してきたのである。[*1]

お互い、九州と東京に住んでいたので電話でのやり取りとなったが、そのパイロットの方は「お礼が言えた。思い残すことはない」と満足されていた。

インタビュー記事というのは、かくもこのようなドラマを生むのだと感動したが、私はくだんの潜水艦乗りの方に「インタビュー、ボツにしなくて良かったですね～」といったら「キミ、そう言うなよ」と照れ臭そうに笑っておられた。

*1　本エピソードはメレヨン島輸送作戦での逸話である。しかし実はメレヨン島という島は存在しない。正確にはウォレアイ環礁といい、その一つのマレヨン島が海軍部隊で島の名前として通称されるようになったらしい。救助されたのは、昭和二十（一九四五）年に実施されたウルシー環礁への特攻作戦「丹作戦」で特攻隊（銀河）を誘導した第五航空艦隊所属の二式大艇の搭乗員一一名で、同島に着水、機体は修理も燃料補給もできず、水没処理されている。

その人柄を端的に表す愛称？

綽名《あだな》のあれこれ

昔から職場や学校で綽名を付ける名人がいる。白黒作品の映画『太平洋奇跡の作戦キスカ』で、撤退作戦の司令官に扮する三船敏郎が旗艦『阿武隈』に着任するシーンがある。舷門で捧げ銃をしている実に立派な髭を蓄えた一等水兵に三船は名前を尋ね、そのあと「綽名は？」と続ける。「〝司令官〟であります！」と一等水兵が気合を込めて返答すると、三船が「先輩、よろしく頼む」というやり取りが行われる。このシーンは元海軍さんにはすこぶる評判がいいシーンで、当時の良き海軍の雰囲気を思い出すそうだ。*1

このように髭は綽名を付けやすく、立派なカイゼル髭がさらに横に伸びた司令官には「猫さんま」というあだ名がついたという。後姿がサンマを加えている猫に見えるからだそうだ。

本名をもじった綽名もある。名前が「範策《はんさく》」という、気難しいやかまし屋の参謀長がいたが、何かというとすぐ「距離は？　距離は！」と怒鳴るので「キョリサク」という綽名が付いた。この綽名にはほかの根拠もあるようで、信号旗を揚げる際、旗と旗の間を空けるためにひと文字分の「空白」の意味を持つロープの部分を「間索《かんさく》」と言ったが、それのゴロ合わせでもあるらしい。

男所帯の海軍らしい綽名もある。艦船の貨物を吊り上げる起重機の一番大きいものを「メンデリック（メイン・デリックの略称）」と称したが、これを男性のシンボルにあてはめ、大きい人を「メンデリック」、小さい人は「板見」などと言った。*2

さらにメンデリックの持ち主が「善太郎」という名前だったり

*1　「太平洋奇跡の作戦 キスカ」は昭和四〇年に公開された東宝の白黒作品である。役名は実名と微妙に変えているが、第五艦隊司令長官に山村聡、木村昌福少将を三船敏郎、キスカ島司令官を藤田進、軍令部総長に志村喬、そのほかにも田崎潤、平田昭彦、佐藤允など、東宝の戦争映画で活躍した豪華俳優陣が顔を揃え、円谷英二が特技監督を務めた。戦記に興味があるなら必見の映画である。

*2　56ページ参照

立派なひげを蓄え、甲板上で撮影された中佐時代の木村昌福。1930年代の撮影で、砲艦『熱海』艦長時代であろうか（写真提供／勝目純也）

すると、すぐに「デリゼン」などという綽名がつけられた。また、「○○敬治《けいじ》」という名の艦長は「○○KG」と呼ばれたが、このKG、海軍の隠語で「毛ジラミ」のことで、「食いついたら離れない」という意味も込められていたということから、相当しつこい性格だったのだろう。

最近の海上自衛隊ではどうかと考えると、歴代の司令官や艦長に綽名が命名されたという話はあまり聞かない。筆者の職場でも綽名で呼ぶことはほとんどなく、みんな「さん」付けだ。これも昨今、コンプライアンスが厳しいので、綽名は時として周囲には受けても本人を傷付けることにもなる。人柄を慕う愛称だけとは限らず、からかったり、嘲笑するネーミングだと問題が多いのだろう。

とはいえ、昔は大らかで良かったのかもしれない。重ねて私事で恐縮だが、筆者は父と高校が一緒で、親子二代で習った先生が何人もいた。三十近く歳が違っていたのだが、父の時代の綽名が継承されていたのには驚いた。その中で、真ん丸メガネをかけた先生がいて、父の代から「トンボ先生」と呼ばれていた。

聞いた話では、父のクラスにその「とんぼ先生」の息子がいたが、付いた綽名が「ヤゴ」だった。こういうセンスなら許されるかもしれない。

戦場で湧き上がる動揺

恐怖に打ち勝つには？

ラクビーワールドカップで日本代表が大活躍したが、試合を見ていて思ったのは、ラクビーとはいかに激しいスポーツであるかということだ。一〇〇キロを超える巨体が全速力でタックルしてきて、痛くないのだろうかと素人は考えてしまう。選手にそのあたりのことを聞くと、集中しているし、夢中なのであまり感じないそうで、ノーサイドになって初めて痛みや故障を感じるらしい。

戦場での話では、これから艦隊同士の砲戦、対空戦闘となると、当然であるが恐怖を覚える。よく聞くのは「戦死は覚悟の上だが、極度に苦しかったり痛いのは嫌だなぁ」と思うらしい。それでも与えられた任務に配置されると気がまぎれるという。

レイテ沖海戦の時、五度にわたる大空襲の最中の栗田艦隊で、あまり忙しくない配置の若い士官が、しっかりと指揮している同期の対空射撃指揮官を見て「羨ましい」と思った。夢中で敵機を追いかけ、射撃指揮をしていれば恐怖を感じないのではないか……。しかし対空指揮官に聞くと「それは怖いですよ。敵機があちこちから突っ込んでくる。みんな自分の向かってくるように見えますからね」と語ってくれた。

恐怖の克服という話で言えば、究極は軍医であろう。日本海軍の場合、若い軍医中尉、略して「ぐんちゅう」が駆逐艦や潜水艦でも勤務していることがある。そもそも駆逐隊や潜水隊に配置されたぐんちゅうは、隊司令の命により乗艦指定をされて、作戦ごとに艦が変わることがしばしばだ。しかし彼らはいざ戦闘となっ

苛烈な対空戦闘中の栗田艦隊。昭和19（1944）年10月24日、シブヤン海での撮影で、各艦が左舷に転舵して回避行動をとっている（Photo/USN）

て、負傷者が出ない限り仕事がない。

あるぐんちゅうさんは、戦闘中に配置や役目がないから自室で漫然と過ごしていた。本でも読もうと思ってページをめくるが全然頭に入ってこなかったそうだ。そこである時、駆逐艦長の猛者に「戦闘中に恐怖を覚えます。どうしたらよいでしょうか」と聞いた。

そのベテランの駆逐艦長は静かに「それは仕方がないよ。俺だって怖いと思う時がある。軍医長が怖いと思うのは当たり前だ。そんな時、やはり使命感で耐えるしかない」と答えてくれた。それ以来、この軍医長は腹が座ったらしい。第三次ソロモン海戦の時には、「艦内にいても死ぬときは死ぬ。どうせなら海戦をこの目で見てやろう」と艦長の許しを得て、艦橋後方の旗甲板に陣取り、海戦の見物をしたのだそうだ。「それは凄かったですよ。いきなり味方が探照灯をサァーと照らしてね、びっくりしました」と平然と海戦体験談を話してくれた。その後、戦争末期に向けて負け戦が続き、多忙を極めていくこととなり、この軍医長は恐怖すら感じる暇はなくなったという。

しかし軍医長を励ました駆逐艦長が誰だったか聞いて驚いた、駆逐艦長で異例の二階級特進を果たした吉川潔少将だったのである。どうりで説得力があるはずである。[*1]

*1　軍医長を励ました吉川潔海軍少将は、海兵五十期、勇猛果敢な駆逐艦乗りとして指揮官先頭を貫き、部下への愛情は人一倍であったため絶大な統率力を発揮した。第三次ソロモン海戦での勇猛ぶりは特に有名であるが、続くブカ島沖夜戦では『大波』艦長として米艦隊の先制攻撃を受け戦死した。『大波』は撃沈され、乗員は一人も助かっていない。吉川は駆逐艦長としては異例の二階級特進し、海軍少将になった。

意外なところで役に立った白布

海軍の伝統「越中褌」

海軍兵学校出身者への取材で意外に思ったことがある。入校して対番（分隊内の最上級生である一号から、四号までで、学年席次が同じ者同士のことを言う）の先輩にさまざまな兵学校の仕来りを教わるのだが、褌《ふんどし》の結び方まで丁寧に教えてくれたという。前後ろを間違えたりすると、まるでニワトリのように不格好なので、直々に教えてくれたらしい。筆者が、子供の頃から褌を使っていて着け方も慣れていたのではないかと問うと、ほとんどの人が普通にパンツをはいていたというのだ。[*1]

兵学校では、下着に至るまで入校時に来ていた私服は実家に送り返し、褌も官給品として支給した。これは、軍隊において下着すら統一することで規律を厳正にする目的があったためだ。それでも、昔からのことわざとして「当て事と畚褌《もっこ》は外れる」とか、「義理と褌は欠かされぬ」などがあり、褌が世間一般に身近ものだったことが分かる。

海軍では、とにかく越中褌が愛用された。越中褌は、六尺褌に比べて生地も少なく済み、なによりも着脱が容易だったからだ。そして高温多湿な日本の風土では特に快適だったらしい。

褌のことを海軍では「FU（エフ・ユー）」と隠語で呼んでいたが、戦前のエピソードとして、若い士官らは乗艦中に艦の舷窓から使ったFUをポイポイと捨てていたという。当時海軍の躾教育として「FUは、どんなことがあっても自分で洗え」と教えられており、当番の従兵に洗わせてはいけないと言われていた。自分

*1　大正期までは褌が一般的だったが、昭和初期には洋装化が進み、猿股と呼ばれたパンツが普及していた。一方で軍は伝統の褌を固持しており、軍に入って初めて褌を着用したという者も多かったのであろう。

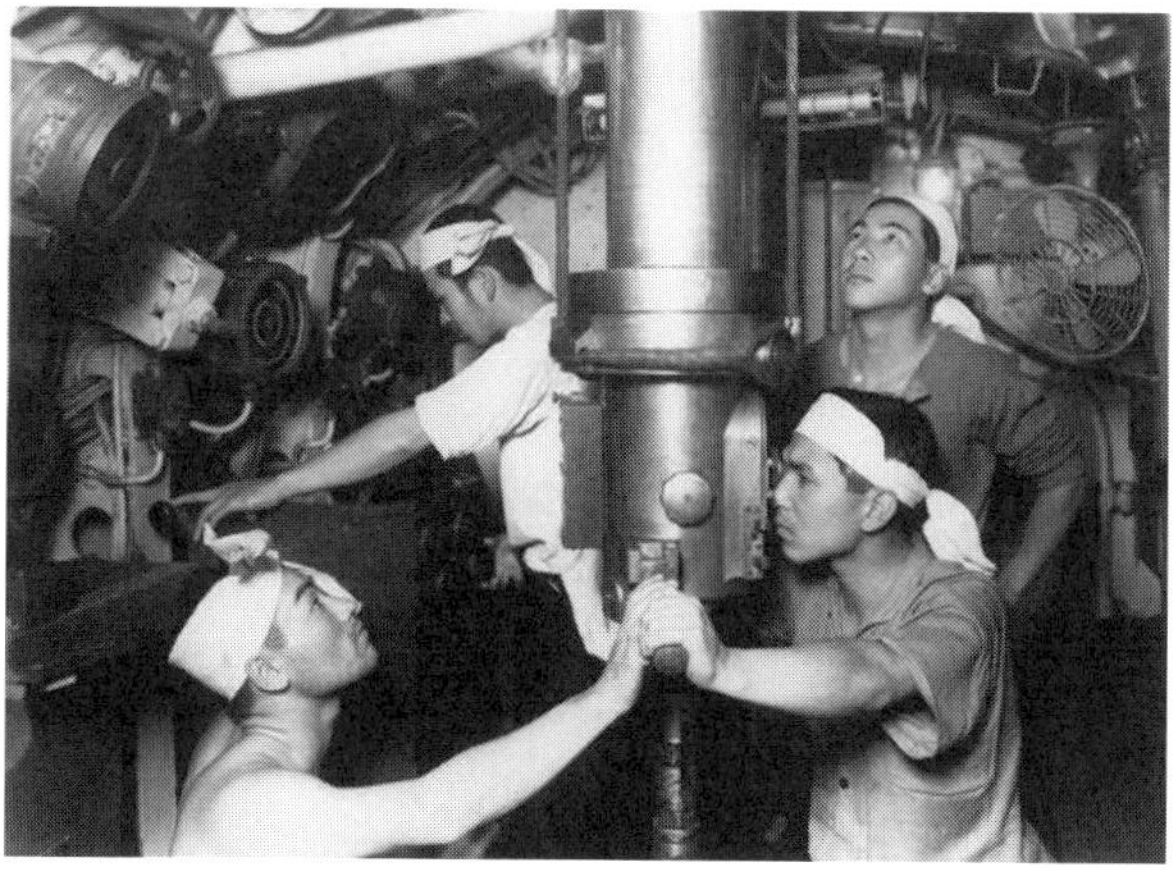

潜水艦内は高温多湿の最たるもので、通気性のいい褌は理にかなっていたともいえる。実際には昭和10年代すでにパンツが一般的になっており、褌は軍が求めるある種の男らしさの象徴のような面もあったのかもしれない（写真提供／勝目純也）

で洗うのは面倒なので、使い捨てにしたのであろう。ところがこうした士官が結婚するようになると、奥さんが丁寧に洗濯してくれるようになり、「ＦＵとはこんな柔らかいものであったたか」と思うようになるという。つまり、酒保で売っている新品のＦＵは糊が付いているのでゴワゴワしていたのだ。

一方で、ＦＵは戦場では汎用性があり、なかなか便利なのだそうだ。例えば、飛行機乗りの士官曰く、ＦＵの端を手拭のように手でちぎり、飛行中にオイルなどで汚れた風防ガラスを拭いたり、腕を怪我した時には三角布として使ったり、はたまた整備兵は、使うボロがなくなるとＦＵを使ったというから、たいそう重宝がられたようである。

そして究極の使用方法は、本当か嘘か真相は不明だが、艦や飛行機が沈没や墜落をして海に投げ出された時にＦＵをほどいて長くすると、サメに襲われにくくなるそうである。その理由は、サメは自分より大きいサイズのものには攻撃を加えないということらしいが、本当にそうなのだろうか。もし「当てが外れた」ら、下半身からサメに食いちぎられそうでゾッとする。サメは越中褌には騙されないと思うのだが、はたして真相はいかに……。

伝統ある名を受け継ぐ意義

お忘れではないか

だいぶ前になるが、有名な一般誌のオンライン記事に「帝国海軍が復活!? 近ごろ海上自衛隊の艦艇名がやけに勇ましくなってはいないか」というのがあった。何のことかと読んでみると、全通甲板のヘリ搭載護衛艦『ひゅうが』『いせ』『かが』といった帝国海軍の戦艦などの名前が復活しているが、最近やけに勇ましくないかと警鐘を鳴らしているのだ。[*1]

戦艦の名前が復活したことに懸念を示すなら、すでに『ひえい』『はるな』『こんごう』『きりしま』が使われている。海戦史をご存じの方なら「金剛」型四隻が南雲機動部隊を護衛したり、ソロモン海域で米海軍と壮絶な撃ち合いをしたりと、実に勇ましく戦っていることはご存じだろう。最近になって海自が戦艦の名を命名したわけではないのだ。

そもそも帝国海軍の時代から、軍艦に勇ましい艦名を付けるのは避けられてきた。その点、外国の艦艇の方がよほど猛々しい。「ドでかい」ことの語源にもなった「弩級」は、英国戦艦『ドレッドノート』からきており、意味は「猛き者」である。同じく空母『グローリアス』は「栄光」、『イラストリアス』は「光輝」という意味である。それに対し、帝国海軍は、旧国名や山、河川、気象・海象などを命名してきており、これは海自も踏襲している。

以前も触れたが、駆逐艦に『夏月』『花月』『宵月』と付けたら「待合の名前ばかりつけやがって」と言われたり、帝国海軍の二等駆逐艦や、米海軍から貸与されたフリゲイトに海自が『くす』『なら』

*1　この海上自衛隊艦艇への命名についてのネット週刊誌の指摘は全く意味不明であった。日本海軍の艦名はむしろ情緒があるものが多く、ましてや戦艦の名前は旧国名なので好戦的な名前でもない。日本海軍の主力艦の艦名を海上自衛隊の艦艇に命名することがなぜ懸念視されるかも不明である。海上保安庁の消防艇に「ひりゅう」があるが、それも勇ましい名前で心配なのであろうか。

2007年8月23日、進水式を迎えた護衛艦『ひゅうが』。全通甲板型の護衛艦は本艦が海上自衛隊初であり、艦名に旧国名が復活したのも本艦が初だった。かつて旧国名は戦艦に名付けられていたが、現在はDDHが旧国名の艦名を受け継いでいる（写真／菊池雅之）

『かし』『もみ』と命名したら「雑木林艦隊」と揶揄された。このように、日本の艦名には勇ましさは感じられない。*2

それでもこのネット記事の終わりには「名前が勇ましくなるだけならいいが、帝国海軍の主力艦のほとんどが、沈没」するなどしていることを、「お忘れではないか」と諫めている。

海上自衛隊は、最新艦まで含めて今まで一四一隻の護衛艦を保有してきており、帝国海軍の艦名を付けたのはそのうち約八割にも及ぶ。つまり昭和二八（一九五三）年から海自護衛艦のほとんどは沈没した艦艇の名前を踏襲してきたわけだが、だから何なのだという疑問が残る。

佐世保に『すずつき』という護衛艦がいる。先代『涼月』は『大和』特攻を護衛した防空駆逐艦で、前甲板に爆弾が命中して大破しつつも、後進で佐世保に奇跡の生還を果たした。この艦名を踏襲した護衛艦『すずつき』の進水式に『涼月』艦長の娘さんが参列した。式典の最中、ご高齢となった娘さんは父の遺影を持ち、「お父さんが乗って戦った艦の名前を、海上自衛隊さんが付けてくれましたよ」と泣いていたそうである。

筆者としては、二度と戦争を起こさないようにと、国を守った伝統ある艦名を脈々と護衛艦に受け継いでいく意味合いを感じる。そうした思いこそ、「お忘れ」になってはいけないのではないだろうか。

*2 92ページ参照

民間人が手に入れた極秘の設計図

潜水艦と絵画

我が国の潜水艦運用は今年で一〇五年に及ぶ。日本海軍は昭和六年（一九三一）から国産の潜水艦を運用し、今日の海上自衛隊の潜水艦もすべて国産である。運用も含めて、すべて完全に自前で行える国は少なく、アジアでは日本だけだろう。

だが、明治黎明期より多くの困難が伴った。当初は各国から潜水艦を輸入して国産化の努力を積み重ねていたが、大型潜水艦の建造にはほど遠く、技術の高い壁があった。

日本海軍は、第一次世界大戦で活躍したドイツのUボートに注目し、中でも大戦末期に建造されていた大型潜水艦U142の図面をどうしても手に入れたかった。そこで、我が国において、民間で最初にホランド型改や川崎型、F型、特中型などの潜水艦を建造していた川崎造船所の社長・松方幸次郎に、ヨーロッパに出向いて何とか図面を手に入れるよう依頼がなされた。幸次郎は明治の元勲松方正義の三男で、若くして川崎造船所の社長に就任。その敏腕な経営手腕で一気に川崎造船所を発展させた。日露戦争中に初めて潜水艇の建造を引き受けた際、松方社長は「全部損をしても何ほどかは国のためになろう」と引き受けたという。

大正十（一九二一）年、美術品の収集家でもあった松方社長は訪欧し、ヨーロッパの名画を買い付けつつ、一方でついにUボートの図面を探し当てた。彼が長年収集した絵画は「松方コレクション」と呼ばれるが、この時は絵画とともに買い取ったドイツ潜水艦の図面を秘密裏に忍ばせて梱包し日本に持ち帰ったという。[*1]

---

*1 「松方コレクション」は大正初期から昭和初期にかけて収集された。その数は一万点を超え、西洋美術が三〇〇〇点、浮世絵が八〇〇〇点あり、西洋美術の一部は国立西洋美術館、浮世絵は東京国立博物館に所蔵されている。

川崎造船所社長・松方幸次郎が手に入れた設計図を基に建造された巡潜一型の伊3。日本の潜水艦国産化はここから始まり、終戦で一度は絶えたものの、現在は世界でもトップクラスの通常動力型潜水艦を建造している（Photo/USN）

松方は、ドイツ潜水艦設計の第一人者テッヘル博士や、ドイツ潜水艦造船所の技術スタッフの招聘も実現させた。そして川崎造船所は、大正十五年に大型潜水艦の「巡潜一型」の建造を成功させた。*2

松方が入手した図面はあまりにも複雑で、日本語の設計図を作り上げるのに七ヵ月も費やした。だが、いざ建造が始まると、この複雑極まるドイツの図面が、実は細部まで詳しい説明が施された完璧な設計図であり、それを基にした設計図によって技師たちは手に取るように工程を把握できたという。

以降、川崎造船所は日本海軍の大型潜水艦国産化に多大な貢献をし、後身である川崎重工神戸工場もその伝統を継承して海上自衛隊の潜水艦を建造している。松方幸次郎は、後に日本海軍から「決して忘れてはならない民間功労者」と感謝されるようになった。

ちなみに、松方幸次郎のことを調べていたら、驚いたことに筆者の親戚だということが分かった。筆者の祖父は野間口兼雄海軍大将の次女と結婚し父を生んだが、大将の妻、すなわち私の曾祖母のお母さんのお父さんである之昌さんが松方正義氏と兄弟だったので、幸次郎氏から見れば之昌さんは叔父にあたり……。

とりあえず血は繋がっているが、筆者まで相当に薄まっている。世間一般ではこれを「他人」と言うのではなかろうか……。

*2　巡潜一型とは伊一～伊四のことで、ドイツのUボートをベースに建造された。ドイツでは交通破壊戦に用いたが、日本海軍は長大な航続距離を活かし、漸減作戦の敵湾港監視・追躡に使われた。しかし最後は輸送任務に酷使され、全艦戦没している。

参考になる読者の感想

艦名は東西の地域どちらが多い？

お蔭様でこの連載も、今号で満十年を超えることができました。これもひとえに読者の皆様のお蔭であり、誠にありがとうございます。

はたしてこのような拙文を本当に毎号楽しんで読んでくださっているのかと、いつも不安にかられているが、「読者の声」のコーナーに感想をいただけることがあり、これが筆者にとって大きな励みになっている。また取材先の海上自衛官の方からも「毎号、楽しみにしています」などと声をかけていただくことも多く、こうしたたくさんの感想から大きな力をもらっている。

そんな折、ある「読者の声」に日本海軍の戦艦名は西の地名が多いという、岩手県の方の感想が掲載されていた。これは筆者が一度も意識していなかった視点だったので、「なるほど、そういう見方もあるのか」と感服したが、さらにその方は「海上自衛隊の護衛艦はどうなのか」というご質問もされていたので、さっそく調べてみた。

自衛艦艇の命名には規則があることは読者諸兄もよくご存じだと思うが、護衛艦の場合は天象、気象、山岳、河川、地方の名から命名されることとなっている。そうなると、山岳、河川、地方名で東西の地域性がはたしてあるのかということになるわけだ。

山岳なら『こんごう』『あたご』、河川からだと『ちくご』『あぶくま』、地方名なら『いずも』『ひゅうが』といった艦名があるが、現在艤装中の最新イージス艦『はぐろ』まで含めると、これまで

旧海軍の重巡洋艦の艦名を引き継いで就役した護衛艦『あしがら』。重巡の艦名はミサイル護衛艦DDGに引き継がれ、軽巡の名前は護衛艦DE、FFMに引き継がれている（写真／Ｊシップス編集部）

我が国が保有した護衛艦は、海自草創期のＰＦ（パトロール・フリゲート）も含めて三六型式・一四二隻となる。その中で地名に関する護衛艦はちょうど四十隻。河川の場合は複数の県にまたがるケースがありうるが、まぁ、おおむね同じ地域ということができるだろう。*1

では、肝心の東西別はどうなるのかとなると、北海道・東北・関東が二一隻、中部・近畿・四国・中国・九州が一九隻であった。ということは、護衛艦の艦名は東西別という点ではほぼ均一ということになる。

ちなみに、命名を担当するのは海上幕僚監部総務部 総務課だが、そこの元担当の方にお聞きしたところ、「特に東西は意識していない」とのことであった。まぁ、島の名前を命名される掃海艇の場合、どうしても瀬戸内海が多くなり、西寄りになるかもしれない。

いずれにしても読者の方から興味深い質問をいただいた。連載を続けられるなら、これからも「読者の声」の感想や質問を大切にしていきたいと思っております。

*1　日本海軍の戦艦、重巡洋艦で海上自衛隊が採用していない艦名は、実はあまり多くない。戦艦でいえば『大和』『武蔵』『長門』『陸奥』『山城』『扶桑』になる。『扶桑』は我が日本国の美称なので、「地方の名」といえるか微妙である。重巡では『古鷹』『加古』『青葉』『衣笠』『那智』『鈴谷』『高雄』が挙げられる。『那智』は欧州では音がよろしくないし、『鈴谷』は樺太の川名だ。今後も復活は望み薄だろう。

気まずいことは入港したら忘れよう

「入港マジック」の効能

六月三十日、護衛艦『たかなみ』が中東地域における日本船舶の安全確保に必要な情報収集の任務を終え、五ヵ月ぶりに帰港した。新型コロナウィルスの影響もあって、五ヵ月間、無寄港だったという。船乗りにとって五ヵ月もの間も上陸できないのは非常に苦痛で、まさに「艱難辛苦」を乗り越えた任務であった違いない。長きにわたり続く洋上任務の大変さは、陸《おか》に生活している者には理解が難しい。

昔、日本海軍の潜水艦乗りに「長期行動が終わった後、港に戻ったら何を一番したかったですか?」と聞いたことがある。答えは「まずはひと風呂浴びて、それから広い畳の部屋に手足を思う存分伸ばして寝っころがりたい」と思ったそうである。

彼らによると、長い航海だけでなく、いつ港に帰れるか分からないのが、さらにつらいという。湾岸戦争の後、自衛隊初の海外派遣部隊としてペルシャ湾で活躍した掃海部隊の隊員に聞いても「任務の過酷さより、いつ終わるのか分からないのがキツかった」と異口同音に言う。

日本海軍では、作戦や任務が終わって母港に帰るとき、指定されている速度より数ノット速い速度で帰港の途に就いたという。残りの燃料に問題がない限り大目に見られていたようで、これは「ホーム・スピード」と呼ばれた。

戦争末期を除いて、日本海軍はこういう気持ちの余裕があり、誰かに迷惑がかからないことであれば、細かいことは言わなかっ

2020年6月20日、派遣情報収集活動第1次水上部隊として、約5ヵ月に及ぶ任務を終え母港の横須賀に無事寄港した『たかなみ』。コロナ禍の中、無寄港で任務を達成した（写真／海上自衛隊）

た。とはいえ、さすがに長期行動が続き、ましていつ入港できるかわからない状況では、自然と艦内でいざこざが起きる。普段なら「気をつけろよ」で済むことがどうしても口調が荒くなったり、イライラしたり、他人の些細なミスなどが許せなくなる。

ところが艦内マイクで「達する！」と入り、「本艦は○○方面の作戦任務を解かれ、×月×日に帰港する」など流れると、艦内雰囲気は一変した。それまでギスギスしていた関係も、いつの間にか水に流し、いつもの和気あいあいの雰囲気に戻っているなどということが多い。これは海上自衛隊も同じで、「入港マジック」などと言っている。[*1]

入港日が決まれば、それまでの些細なもめごとも関係なくなり、あとは帝国海軍の時代から受け継がれる、入港前の汁粉が「入港ぜんざい」として振舞われ、隊員たちはみな、上機嫌となる。[*2]

こんなメリハリは、サラリーマン諸氏にとっては羨ましい限りで、会社でも「ボーナス・マジック」とかないかな？と期待するも、かえって賞与の額を知って機嫌が悪くなるのがオチだ。ほかに「なんとかマジック」はないだろうか……。

*1 洋の東西、時代は変化しても船乗り気質に大きな変化や違いはないであろう。母港に帰れる日は待ち遠しいが、その反面、娑婆に戻ればいろいろいざこざや面倒なことが待っている。出港したら、そういった世間のわずらわしい問題から切り離され、艦隊勤務に集中できる。花粉症もピタリと収まるらしいので存外、船乗り気質が性にあっている人は陸上の配置が続くと「船の配置に戻りたい」と思うらしい。

*2 「入港ぜんざい」については50ページ参照。

やっぱり気になる？

ハンモック・ナンバーの呪縛

海軍仕官にとって重要な「ハンモック・ナンバー」なるものをご存知だろうか。日本海軍における学校での卒業成績の序列（席次）のことだが、本来は釣床（ハンモック）の番号であり、そこから転じたものである。

もともとのハンモックナンバーとは、兵員の釣床にプレートで付けられた「二一三四」などの番号のことである。頭の数字は分隊番号であり、先に挙げた数字でいえば、二は「第二分隊」、続く二桁は班を示しており、第一三班、最後の数字は当直の順番で、四なら「四直」である。陸戦隊、防火や臨検などを行う人員を編成する際の部署では、氏名ではなくハンモック・ナンバーで編成を作っていた。それをもじって、仕官時の成績序列を表す際に隠語として用いたようで、「何某はハンモック・ナンバーがだいぶ上だから進級が早いのぉ……」などと使っていた。

このように、ハンモック・ナンバー（卒業時の成績）は、階級が上がるにつれて重要な要素となり、進級や配置に大きく影響した。もちろん海軍士官としてきちんと実務をこなしていく中で評価は常になされており、序列は上がったり下がったりする。ただし、不祥事でも起こせば別だが、極端に変わることは少なく、ハンモック・ナンバーが後にまで大きく影響した。

海軍士官には「現役海軍士官名簿」、また下士官からの叩き上げには「特務士官及准士官名簿」があった。これにはその年の序列が全て掲載されており、自分より誰が上なのか、下なのか一目で分か

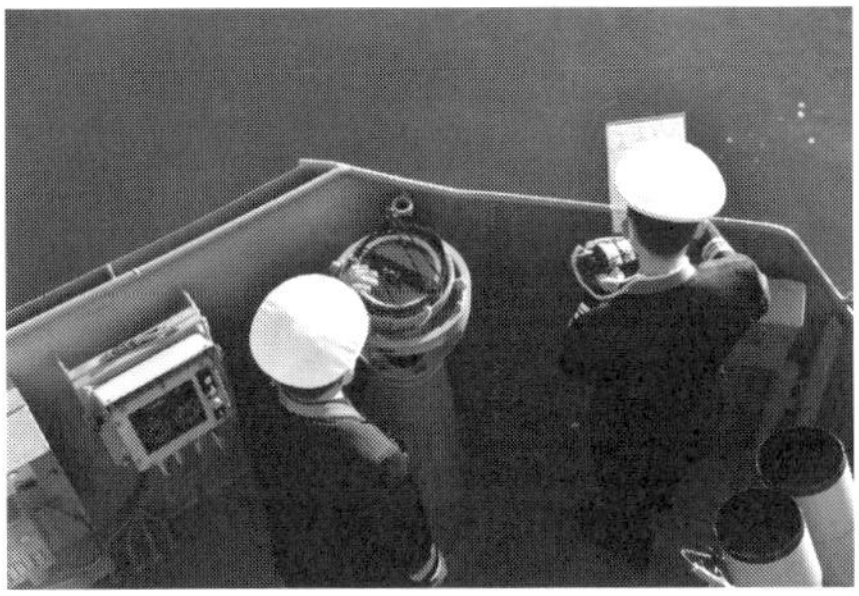

ウイングで入港指揮する護衛艦艦長（左）。海上自衛隊の幹部自衛官もそれぞれの分野で定番の昇進コースがある。艦長という配置に同期のうち誰が最初に到達するか、船乗りならもっとも気になるところだろう（写真／海上自衛隊）

るようなっていたが、それは指揮権の継承序列を一目瞭然とすることを目的とする「軍令承行令」という取り決めが関係していた。[*1]

例えば戦時に指揮官が戦死した場合、誰が指揮権を受け継ぐのかを明示する必要性があったからである。普段の艦内や部隊での生活にはほとんど関係ないが、戦闘中など、いざという時に大切な順番であった。

海上自衛隊でも基本は受け継がれており、かつての「現役海軍士官名簿」は、今では「幹部名簿」と名前を変えて存在している。幹部候補生学校と遠洋航海の成績で最初の序列は決められるが、その時点で優等賞以外、本人は正確には分からないようになっている。必ずしも決定的ではないが、進路には少なからず影響がある。だが、二尉になるまでは五十音順に記載されている点が海軍とは異なる。

日本海軍では、現役海軍士官名簿でもハンモック・ナンバーは重視されていたので、まじめに勤務すれば中佐、頑張れば大佐までは進める可能性が高く、出世にあくせくすることもなかったと語る人は多い。

民間企業では上司が病に倒れても軍隊ほど即座に後任を決めなくてもよく、たとえ「現役社員名簿」なるものがあっても、人事評価が丸見えだったら「アイツは序列が低いのに俺より先に課長になりやがった」などと大騒ぎになる。我々現代のサラリーマンにハンモック・ナンバーがなくて良かった……。

*1 年によって微妙に日付は違うが、現役海軍士官名簿はだいたい年の初めに調べられ、年一回発行されていた。当然今と異なり電子ではないので、異動があれば追記しておかないと価値が半減する。そのため部隊等に配備されていた現役海軍士官名簿には手書きで細かく訂正が書き込まれていた。これは指揮権を判断する軍令承行令以外にも、公式な行事の席次などにも使われる。考えてみれば日本人特有の「上座の譲り合い」がなくなり合理的である。

それは自虐かユーモアか——

海軍仕込みのネーミングセンス

二〇二〇年十月一日、海上自衛隊の横須賀基地船越地区に新設された「海上作戦センター」の運用開始記念式典が行われた。同センターには自衛艦隊、護衛艦隊、潜水艦隊、掃海隊群、海洋業務・支援隊群に加え、同日付けで新編された艦隊情報群の合計六つの司令部が集約され、これまで以上に主要部隊間の意思疎通や効率的運用が図られることとなる。

海上自衛隊には四つの艦隊が存在するが、海上作戦センターに集約されていないのが練習艦隊で、司令部は呉に置かれている。今日では、練習艦隊以外の艦隊司令部は陸上の司令部で作戦指揮を執ることが有利かつ合理的なので、洋上の旗艦で指揮することはないが、例え司令部が陸《おか》に上がっても、「艦隊」という名称の響きは威厳や存在感を彷彿とさせるものだ。

ところが、日本海軍時代や創成期の海上自衛隊では、綽名としてユーモアたっぷりの「艦隊」が存在した。そのひとつが以前もご紹介した「雑木林艦隊」で、日本海軍の戦時急造駆逐艦丁型が『松』『竹』『梅』『桃』と続いたのでこう呼ばれた。創成期の海上自衛隊でもこれらの艦名が復活し、米海軍から貸与されたPF（パトロール・フリゲート）「くす」型も、『くす』『なら』『かし』『まつ』となったが、アメリカからの借り物なのをもじって「〝くず〟ならかします」などと言っていたそうだ。*1

「けじらみ艦隊」というのもあった。日本海軍でも本土決戦用の小さな船舶に付けたそうだが、初期の海上自衛隊では、浅い海面

*1 海上自衛隊は日本海軍の伝統を継承しているのでこの手のネーミングセンスは抜群である。特に創成期には装備が米軍の第二次世界大戦で使用された中古であったりするので、やや自虐を込めたユーモアたっぷりの表現が残っている。

パトロール・フリゲートPFの「くす」型は海上自衛隊の発足前から活躍し、当初は警備艦と呼ばれた。前身は米海軍のタコマ級哨戒フリゲートで、1970年代に返還された（写真／海上自衛隊）

を掃海する小型艇にそんな綽名を付けたという。

当時の掃海艇には「小型掃海艇」とまとめられるものがあり、これらは掃海艇『1号』型と正式に呼ばれた。排水量はわずか40トン。乗員も十名しかいない小さな掃海艇なので「しょうそう（小掃）」と通称された。あまりの小ささに艇内では米は炊けてもおかずが作れない、風呂もなければ寝台もないといった状況なので、夕方になると掃海艇母艦（母艇）に集まってその両舷にめざしで錨泊し、補給や給養を行うのだが、その停泊する姿から「かるがも艦隊」と言われた。

これらのネーミングのセンスは日本海軍ゆずりの伝統かもしれず、今はあまり聞かないが、回転翼機（ヘリコプター）のことを「破れ傘」、掃海のことを「掃海ゴロ」（ゴロつきのゴロ）、射撃を「鉄砲屋」、水雷を「水鉄砲」など、数えればキリがない。

そのネーミング・センスの際たるものが昔の潜水艦の別称である「ドン亀」[*2]で、これは「鈍重な亀」という意味だから、いかに当時の潜水艦（艇）の水中での動きが鈍かったのかが分かる。そしてこの名称は今も使われていて、海自潜水艦乗りのOB会の名称は「ドンガメ会」である。現役の時はハッチをさっそうと出入りしていたサブマリナーたちも、今ではだいぶ動きが鈍くなりつつあるからか……。

*2 「ドンガメ」は自虐というより、むしろ誇り高く自称している雰囲気があり、別呼称では「もぐり屋」などとも言う。潜水艦勤務が長い人に「彼は生粋のもぐり屋だね」などという。一般的には「もぐり」は〝よそ者〟の意味であるが、潜水艦の世界では本当に潜っている。

腕一本で勝負！

予科練の矜持

読者の方のリクエストにお応えして、今回は飛行機にまつわるエピソードを紹介したい。だいぶ昔になるが、海軍飛行予科練習生の一期生に取材したことがある。お会いした当時、九十歳を過ぎていたが颯爽としておられ、太平洋戦争で第一線を戦い抜いてきた方だった。

予科練出身の中でも、一期の方に話が聞けたことは今でも忘れ難い。なにせ昭和五（一九三〇）年に入隊した一期生の倍率は、実に七三・五倍にも及ぶ狭き門で、それをくぐり抜けてきたわけである。

しかし、その後の予科練の制度には紆余屈折があった。高等小学校出身者に加えて、旧制中学四年生からも募集するように拡充された時、それまでの者を「乙飛」、新たな募集を「甲飛」と定めたことから、乙飛にされた人たちから強い反発が出た。*1

そもそも海軍兵学校に準じる待遇といわれたのに、入隊したら四等水兵からやらされ、その低い待遇にストライキまで起きたそうである。予科練の歌にある「七つボタンは桜に錨」というかっこいい制服も、評判が悪かった水兵服の人気回復もあったといわれる。こうした背景もあってか、古参の予科練出身者には実戦経験から来る自信と、操縦の腕では兵学校出身者に負けないという強いプライドが感じられる。*2

先にも述べた予科練一期の方の取材は、当然パイロットとしての戦歴をお聞きするためにお邪魔したのだが、さぁそろそろ本題

*1 予科練の甲飛と乙飛の対抗意識は非常に強く、些細なことでよく大きなもめごとになった。そこで別々の場所で訓練するという案も出たが、なかなか実現しなかった。しかしいざ予科練を修業して部隊で前線に配属されると、甲も乙もなく対立がなかったという。

*2 初期の予科練に人に言わせると空の指揮官（士官）になれると思って志願したという人がおり、「騙された」と言っていた。海上自衛隊では航空学生が近い位置づけだが、航空学生は搭乗員になると幹部になる。そのせいもあるのか予科練の人はどこか兵学校出に少ながらず対抗心があるように感じた。飛行機や回天などに配置された予科練出身者には、腕では負けないという気概が大いにあった。

零戦などの海軍機を駆って戦ったパイロットたちが操縦を身に付けた九三式中間練習機。“赤とんぼ”の愛称でも知られ、機体は橙色に塗られていた

に入ろうか、という時に、その方から「その前にあなたに質問がある」と来て、こうたずねられた。「日本海軍の戦闘機乗りのエース・パイロット一〇人の中で、兵学校出身者は何人いるかご存じ？」

文字だと伝わりにくいが深刻な雰囲気ではなく、相手は笑顔を浮かべている。何か試されている感じで、取材する身としては、回答を間違えると取材進行に支障が出そうである。そこで記憶をできる限り総動員し、「確か〝ラバウルのリヒトホーヘン〟と謳われた笹井醇一さんが九位とか一〇位だったような覚えがあります」とお答えしたところ、ニッコリ笑って「ご存じでしたら結構」といわれた。*3

正確な順位というより「エース・パイロットは予科練出身がほとんどということを分かった上で、話を聞きに来たのか」という確認だったのではないかと思う。それが理由だったのかは不明であるが、その後の取材では付き添いの人が驚くほど詳しく丁寧に話してくださり、後に原稿を読まれた感想として「私の取材をした人はオーバーに書く人が多いが、あなたは実に正確でした」との一言をいただいた。

予科練一期に信頼いただけたことが私の密かな誇りであり、同時に取材の準備は万端、整えなくては……と再確認した出来事だった。

*3『日本海軍戦闘機隊2【エース列伝】』（大日本絵画刊）によれば11位。

正論を許容する海軍の気風

出る杭は打たず

桜も散り、今や新緑の季節。新品のスーツに身を包んだ若い人たちも社会人として働き始めている頃だ。

今の若い人は、情報も豊富で感受性も豊か。自分の意見をドシドシ発信して実に頼もしく、一方でそれを受け入れる社会にもなってきているが、かつての昭和の新人さんは正論を言っても「生意気だ」と思われ、厳しい地方に回されれたなどとよく聞く。ましてや戦前の学校や会社では、年功序列が厳然と横たわっていた。そんな中、日本海軍の美点としてしばしば語られるのが、正しい意見なら階級や年齢に限らず意見が通ったというエピソードだ。

兵学校で、ある下級生が腹を壊したので便を検査した。すると、教官であり生徒の生活指導もする分隊監事が、「検査で異物が出た。学校で定められた食い物以外のものを食ったからだ」と言って、先任者の上級生（一号生徒）をこっぴどく怒った。*1

しかし一号生徒がその下級生に話を聞くと、彼は涙を流しながら規定外の食べ物は食べていないと答えた。さらに検査した軍医に確認したところ、なんと異物が出たなどという報告をした覚えはないという。分隊監事の勝手な決めつけだったのだ。

それを問い質したところ、「オレが嘘を言ってるというのか！」と怒りだし、話が大きくなってしまった。結局、軍医がとりなしてくれて収まり、そのまま夏季休暇となったが、一生徒は、夏休みが終わってまだその理不尽な分隊幹事がいたら、兵学校を辞めてやる、と思ったという。

*1 分隊監事とは海軍兵学校などでは分隊編制は一号（最上級生）から三号ないし四号で編成される。この各分隊には十・十五期ほどの先輩にあたる武官教官が統率し、指導にあたるがこの教官を分隊監事という。戦時中は実戦経験豊富な教官となる。

写真左のマストに装備されているのが一三号電探、右側のマストにはラッパ状の二二号電探が装備されている。大戦末期には日本海軍艦艇も幅広くレーダーを装備していた（Photo/USN）

ところが、休み明けで学校に出てみると、その分隊幹事は転勤させられていた。その一号生徒は、「正しいことを主張したら通る海軍はいいなぁ」と思ったそうである。

またこんな話もある。日本海軍は電探（レーダー）の実用化が米軍より遅れていたことはよく知られているが、その中で対空見張り用の一三号電探は性能も安定していて、急速に大小艦艇に普及した優れモノだった。しかしそれは後に分かった話で、当初は「あてにならない」とみなされ、信頼されていなかったという。*2

ある時、第六艦隊で、各潜水艦長や司令を前にして呉海軍工廠電気部が電探の設置説明を行った。その際、電探を無用の長物と考えていた第六艦隊首脳部から反対意見が出た。

そんな否定的な流れで会議が終わりかけた時、ある若い技術中尉が「実際に何もやってみないで決めつけるのは、おかしくないですか？」と異論を発したという。当時とすれば「生意気なことを言うな。引っ込んでろ」で終わりだが、第六艦隊司令長官は「もっともだ。何隻か潜水艦に付けて、実験してみてから結論を出す」と言ったそうである。結局、理解ある艦長にも助けられ、一三号電探は潜水艦に装備されることになった。

経験なき新人と侮るなかれ。真剣に意見をぶつけてくる若者に、我々ベテランはいつでも耳を貸さなくてはならない。

*2　一三号電探とは正式には「一号電波探信儀三型」という。今日の対空レーダーである。一号二型が地上設置用、二号一型が水上艦用、一号三型は潜水艦にも搭載可能な小型軽量のレーダだった。

時を経てつながる善意
美しき恩返し

最近テレビのスイッチを入れると憂鬱な気分になる。毎日、新型コロナウィルスの感染が止まらないというニュースが続き、なかなか出口が見えないからだ。

そんな中、久しぶりに心が晴れるニュースを見た。日本が台湾に無償でワクチンを提供したことで、台湾外交部は「日本も新型コロナで深刻な状況であるにもかかわらず、台湾に迅速な支援を決めたことを、心から感謝する。日本は貴重な友人だ」と声明を発表したのだ。

これに対し、中国は「新型コロナ対策を政治的ショーに利用している」と批判した。しかし台湾の人々は、東日本大震災の際に台湾からの支援に対する日本側の恩返しの気持ちが込められていると思い、「まさかの時の友こそ真の友」と感銘を受けてくれたようだ。

こうした恩返しの話は、今からちょうど一三〇年前に起きた「エルトゥールル号遭難事件」を思い起こさせる。オスマン帝国の軍艦が和歌山県紀伊大島の東方海上で遭難し、五〇〇名以上の犠牲者を出した痛ましい事件である。この時、大島村の住民は必死に生存者の救助や看病を行った。そして翌年、生存者六九名は日本海軍のコルベット『比叡』と『金剛』でトルコに送り届けられたのである。このことをトルコの人々は後世に語り継ぎ、日本に絶えることのない感謝の心を伝えてきた。[*1]

時代は下って一九八〇年、イラン・イラク戦争が勃発した。戦争が長引く中、一九八五年三月一七日に突如イラクはイラン上空

---

*1　トルコに派遣されたコルベット『比叡』と『金剛』は当然ながら太平洋戦争で活躍した巡洋戦艦ではなく、先代である。初代となる『比叡』は明治一一年に竣工した英国ヘブン社製のコルベットで、一七センチ砲三門を有する三本マストの鉄骨木皮艦である。『金剛』も同年に竣工した英国アールス社製であるが詳細はあまり残っていない。

1998年、大量のコンテナを搭載してトルコを目指す輸送艦『おおすみ』。民間の輸送船では難しい、無寄港20日間という短期間での輸送を実現した（写真／防衛省）

を飛行する航空機を民間機も含めて無差別に撃墜すると宣言した。開始されるまでの猶予期間は四八時間しかない。

当時イランの首都テヘランには二一五名の日本人がいたが、各国の在イラン外国人が自国の民間機や軍用機での脱出を進める中、日本の民間航空の労組は安全が保証されないとの理由で飛行を拒否し、また当時は自衛隊機を派遣できる政治状況でなく、日本人のみが取り残された。

これを見たトルコ政府は、トルコ航空機の最終便に日本人を乗せることを約束し、搭乗予定だったトルコの人たちは席を譲って陸路で脱出した。これに対し、日本のある新聞は「経済支援を期待したもくろみではないか」と報じたが、駐日トルコ大使は「トルコは一〇〇年の恩を忘れない国です」と語ったのである。

時は流れて一九九八年、今度はトルコ北西部で大地震が発生し、沢山の人が家を失った。この惨状に日本は阪神淡路大震災後に不要となった仮設住宅を無償提供することを決定。そして海上自衛隊が掃海母艦、輸送艦、補給艦でトルコに仮設住宅を輸送した。なんと三隻は無寄港連続航海を行い、二〇日間という驚異的な早さでイスタンブールに到着したのである。*2

「雪中に炭を送る」――恩返しの積み重ねこそが、平和外交の模範ではないか。

*2　トルコに阪神淡路大震災で使用した仮設住宅を運んだのは輸送艦『おおすみ』、掃海母艦『ぶんご』、補給艦『ときわ』。人員四二六名をイスタンブールに派遣し、トルコの王室しか使えない港に特別に入港したという。こういった船舶を活用した国際緊急援助活動は海上自衛隊にしかできないであろう。

努力だけでは到達しえない職人芸

神業は度胸も必要

東京オリンピックも、コロナ禍のせいで賛否両論が渦巻く中、心から楽しめずに終わってしまった。だが選手の頑張りや、現場で支えた関係者の活動に、感動や希望をもらった人が多かったのではないだろうか。特に、神業ともいえる選手の能力には舌を巻いた。日本の選手についていえば、日本人は元来、根が真面目で几帳面、さらに器用で努力を惜しまないところがあるから、スポーツに限らず、どんな分野にも神業といえる職人芸を持つ人がいる。

日本海軍でも神業の存在が戦いを支えてきた。例えば夜戦をお家気としていた日本海軍、なかでも水雷戦隊は、夜間視力二・〇といった見張りのスペシャリストが漆黒の闇のなかから敵艦を見つけたのである。

また、かつて空母『赤城』の艦橋で戦闘詳報を記入していた庶務主任に、筆者が「真珠湾攻撃隊の発艦はどうでしたか?」と聞いたら、「それは見事でしたよ。攻撃隊が次々と発艦して、あっというまに上空で編隊を組んで、さっとオアフ島の方向に消えて行きました」と語ってくれた。一八〇機以上もの飛行機が、あっという間とは……。皆、どれだけの技量の持ち主だったんだろう、と思ったものである。[*1]

一方、潜水艦に搭載された飛行機にまつわる神業もある。日本海軍は偵察任務のために、飛行機を搭載した潜水艦を就役させていたが、以前、四回もその飛行偵察を成功させたパイロットに聞いたことがある。[*2]

*1　編隊飛行は大変難しく、訓練を積まないと不可能である。同速同針で美しく編隊を組むのは数機でも難しい。ところが真珠湾攻撃の際には三種類の飛行機が六隻の空母から発進して、第一次攻撃隊で一八三機、第二次攻撃隊で一六七機が瞬時に編隊飛行を実施した。その技量は当時世界最高レベルではないかと思われ、さらにエンジンの故障・不調で途中から引き返した機体はわずか三機だったことから、当時の整備員の技術も高かったと言える。

昭和16年12月8日、真珠湾攻撃のため空母『翔鶴』艦上で発艦準備中の零戦。その後方には九九式艦爆が並ぶ。複数の機種が次々と発艦、編隊を組んで真珠湾を目指した。これは高い技量がなければ不可能な作戦だった（Photo/USN）

潜水艦から飛行機を発進させるときは、まず格納筒から飛行機の胴体を引き出し、プロペラを付けて主翼や垂直尾翼を延ばし、カタパルトを固着させるという手順となる。ところが、潜水艦には専門の飛行機整備員が少ししか乗っていないので、他のセクションから発進作業の応援をもらわなければならない。応援といっても、彼らは当然、整備の素人だ。

だから訓練では、最初の組み立てに一時間以上かかる。それを何度も繰り返し、どんどん早くしていくのだ。おまけに実際の発艦は夜明け前だから、真っ暗な中で作業をしなければならない。それでも初め一時間だったのが三十分になり、一五分となり、ついに本番では発艦まで六分にまで短縮したという。それよりも記録を縮めるのは、エンジンの暖気運転に必要な時間があるので無理なため、まさに限界までの短縮である。

そして夜明け前に敵湾港に接近した、日の丸を塗りつぶした偵察機は、白々と明るくなる頃に、さっと上空をなめて港湾の状況を正確に把握する。これも神業だが、あまりにも見事な飛行に、甲板で歯磨きをしていた敵兵が味方と思って手を振ってきたそうだ。

それを見た偵察員が「機銃を撃ちますか?」と言ったところ、くだんのパイロットは「バカヤロー！ ばれるじゃないか」と言って、悠然と手を振り返したそうである。やはり技だけではなく、度胸も座っていないと離れ技はできないようである。

*2 潜水艦による航空偵察は実戦に使用したのは日本海軍だけだった。開戦時から五二回も実施されたが、危険な任務でありながら機体損傷や喪失があっても搭乗員は救助され、未帰還機は二機と少なかった。しかし、戦局が飛行偵察を許さなくなり、昭和一九年四月を最後に実施されていない。

今に至る海外派遣の先駆け

ペルシャ湾三〇周年に想う

二〇二一年十月三十日は、三十年前の一九九一年に、ペルシャ湾掃海派遣部隊が一件の事故もなく任務を果たし、呉に帰港した日にあたる。自衛隊にとって初の海外派遣の実任務であり、当初から波乱や昏迷そしてドラマがあった。

一九九〇年八月二日、イラクは突如、隣国クウェートに侵攻。その全土を半年にわたって占領し、国際社会から強く非難された。そして翌年の一月一七日、三四ヵ国から編成された多国籍軍の反撃を受けることとなった。湾岸戦争の勃発である。これに対し、我が国は経済大国として中東からの石油に大きく依存しているにもかかわらず、非戦闘員の派遣はおろか後方支援も行わず、その代わり一三〇億ドルという巨額の湾岸拠出金で済ませようとした。

これに国際世論は猛反発した。特に中東の文化では、物事を金で解決しようとすることは最も卑しいとされる。日本国内で自衛隊が海外で任務を果たすことは違憲であるとか、侵略行為を繰り返す序章なのかという反対は、国際世論には通用しなかったのだ。

このままでは、日本はビジネスの世界でもつまはじきにされる懸念があったが、それを救ったのがペルシャ湾掃海派遣部隊の活躍だった。湾岸戦争が終結した後ではあったが、遠い日本から小さな掃海艇で、よくペルシャ湾まで来てくれたと、各国の評価が一八〇度変わったが、任務は過酷そのもので、まさに命がけの掃海任務となった。[*1]

実際、隊員は日本を立つとき「戦死」を覚悟し、親族会議で万

先頭を行く母艦「はやせ」から後続する掃海艇と補給艦の単縦陣を捉えた1枚。派遣部隊は500ｔにも満たない木造船で往復1万4000浬の大航海に挑んだ（写真／海上自衛隊）

が一の時の後を頼み、遺書を書いた隊員も多くいたという。ある隊員は、「遠洋航海」と嘘をついて、親を心配させまいとしたそうだ。彼ら掃海部隊の隊員たちは、機雷の恐ろしさを知っているだけに覚悟を決め、使命感でペルシャ湾に行く掃海艇に乗組んだのである。

三ヵ月の任務で合計三四個の機雷の処分を行い、無事故で任務は完了したが、難しい状況下に残された機雷を、事故なく見事に処分したことに、各国の掃海部隊は目を見張った。さらに、日本の掃海装備が大戦中とあまり大差ないことを知って、「君たちはこの装備で、あの見事な掃海処分をこなしたのか！」と二度、驚いたという。まさに、終戦直後から連綿と続けてきた航路啓開任務の成果であろう。

ちなみに、派遣された五一一名の隊員は特別に選抜されたメンバーではない。軍法会議のない自衛隊なら、行くことを拒絶することもできたはずだ。しかし実際には、健康上の理由で辞退した数名の隊員以外、正式に派遣を辞退したのはわずか一名だったという。海上自衛隊の四十年にわたる隊員教育と錬成が、間違っていなかったことを証明したといえよう。

*1　当時派遣部隊を率いた落合氏が現地に入ると、湾岸の復興に貢献した各国の国旗が描かれたTシャツが売られていたという。ところが、そのTシャツには日の丸が描かれていなかった。しかし六月になると、そのTシャツには日の丸が描かれるようになったのである。国内であれだけ多くの派遣反対の意見や運動があったが、国内世論も大きく国際貢献を果たしたと評価が高まり、在留邦人からも「日本人一同、ようやく肩身の狭い思いから解放された」と感謝の声が寄せられた。クウェートのマスコミも、「遠い極東の日本から、こんな小さい船でペルシャ湾まで来て、危険極まりない機雷の除去を行ってくれた」と心から感謝のコメントを書いた。

Column

日本海軍の主な組織

日本海軍の主要組織には、海軍省、軍令部、海軍艦政本部、海軍航空本部、鎮守府、連合艦隊があった。

海軍省は海軍の軍政を担当する、いわば役所で、海軍大臣、海軍次官の元に軍務局、兵備局、人事局、教育局、軍需局、医務局、経理局、法務局があった。軍務局は部隊編成や軍機、演習などを担当し、兵備局は出師準備や軍需品調達、軍需局は軍需品や燃料や被服などを担当した。その他海軍省管轄には航空本部、艦政本部、教育本部、施設本部に兵学校や機関学校などの教育機関があった。

軍令部は国防計画、作戦計画、平時を含めた海軍の運用にかかわることを担当する作戦用兵を扱う部門であった。組織長は軍令部総長、次長で隷下には4部12課まであり、作戦、軍備、情報、通信を担当した。連合艦隊は軍令部の指揮系統に属するが、軍令部が艦隊を動かすことはできない。あくまで軍令部は作戦の立案を担い、実際の作戦は連合艦隊が実施することになる。

海軍艦政本部は艦艇の建造や兵器開発を司り、輸入された兵器についても審査、購入を担当した。組織は艦政本部長の隷下に砲熕部、水雷部、電気部、造船部、造機部、航海部、潜水艦部、海軍技術研究所があった。実際の建造と修理は各海軍工廠や民間メーカーが行うが、艦政本部は管理や技術指導を行った。

海軍航空本部は海軍航空隊の運用ではなく、海軍航空の軍政面を担当する行政機関である。海軍航空機の設計や兵器開発、輸入、航空機の保管、準備供給を行っていた。ただし実際の設計は海軍航空技術廠や各メーカーが行い、教育も教育航空隊が行った。

鎮守府と警備府は軍政機関であり、同時に近海での作戦を担当した。その任務は多岐にわたり、艦艇は基本的に各鎮守府に本籍を置き、また下士官以下の人事も担当した。地域ごとに異なるが、術科学校、新兵教育を行う海兵団、海軍工廠、病院、刑務所まであった。所在は鎮守府が横須賀、呉、佐世保、舞鶴。警備府は大湊、旅順、鎮海、馬公にあった。

第五章

令和四（二〇二二）年〜
令和五（二〇二三）年

洋上で嗜む最高の一服

制約があればこそ

まだまだ安心できないコロナ禍。感染しないことはもちろん、罹っても重症化しないよう注意しなければならないが、喫煙は重症化のハイリスク要因らしい。コロナ禍以前の全国の喫煙率は二割以下だったらしいが、最近ではさらに低下しているかもしれない。しかし平成元年では喫煙率は約五十パーセント、五十年前では約八十パーセントだったそうで、どこでもたばこが吸えた。お父さんのお使いで子供がタバコを買いに行く時代は、いまや遠い昔になったようだ。

しかし戦時中、特に軍隊では煙草は極めて大切な嗜好品であった。日本海軍では、喫煙時間には制限があったが、「休め」のラッパが鳴り、上甲板各所の定められた位置に煙草盆が置かれ、自由に吸えた。煙草盆は、高さ一五センチほどの四角い木の箱で、内側にはピカピカに磨かれたブリキが張ってあった。そして、火種としては、ライターやマッチなどの裸火では風で消えたり、防火上危険だったことから、火縄につけた火を使用した。兵隊さん専用の煙草は「ほまれ（誉）」が主流で、艦内の酒保で買うことができた。

一日の終わりに「巡検」がすむと、「巡検終わり、煙草盆出せ、明日の日課予定表通り」などと艦内マイクが入ると、下士官兵は夏なら午後十時半、冬は十時まで、准士官以上は夏・冬とも一一時まで煙草盆の周りで吸うことができた。

水上艦の場合はこんな調子だが、潜水艦などはさらに制約があ

『はたかぜ』艦橋から見る日没。酒もタバコも自由にならない艦隊勤務だが、普通はまず見られない雄大な景色こそ最高の気晴らしという。艦隊勤務での最大の楽しみとして、真っ暗な洋上で見る夜空などを挙げる護衛艦乗りもいる（写真／Ｊシップス編集部）

る。潜航中は艦内の空調が悪いので、当然喫煙はできない。煙草が吸えるのは浮上航行中で、敵の襲撃がない海域では艦橋、もっと安全な場所なら上甲板で喫煙ができた。ただし、潜水艦内は湿度が高く、湿気を嫌う煙草はすぐペシャンコになるので、煙草を数える時は「一本」ではなく、「一枚」と言ったりしていたという。

それでも、夜間などでの浮上航行中、艦橋に順番に上がって一服するのは格別だったという。やがて煙草などの吸える時間が終わり、再び艦内に戻るような場合、「楽しみ方終わり」などという号令がかけられた。

今の海上自衛隊は英海軍式から米海軍式に変わったので、艦内飲酒は禁止となっている。戦後、米海軍の老提督が「米海軍を模範とするのはけっこうだが、酒まで真似することはなかろう」と言ったそうだが、酒という楽しみがなくなったうえに、ますます煙草は限られた場所でしか吸えなくなった。喫煙できるのは、大抵は艦橋後部の旗甲板や、飛行機格納庫の片隅など、ごく数ヵ所だ。[*1]

潜水艦にいたってはＡＩＰ（非大気依存推進）搭載艦（「そうりゅう」型）以降、艦内空気の浄化対策として全面禁煙だというから、愛煙家は洋上でも肩身が狭くなっているようだ。

*1 海上自衛隊の場合、艦長が喫煙に厳しくなければ、水上艦では旗甲板や後甲板など、火気に影響ない指定の場所で喫煙が許されている。潜水艦に関してはどの艦も禁煙が普通で、母港に帰還して「別れ」となれば岸壁などの喫煙コーナーに愛煙家が群がることになる。電子煙草も同様である。やはりストレスの大きい職種の喫煙率は一般平均より高いようだ。

単調な航海で見出す楽しみ

洋上の娯楽

長期航海での生活は単調なものとなる。そんな中での楽しみは、やはり三度の食事などの飲食だろう。艦隊勤務では、じゃんけんで負けた者が参加者全員にジュースをおごる「ジューじゃん」が、昔からある伝統的な娯楽だが、これは仲間たちとワイワイ言いながらの、イベント性のある娯楽といえる。飲み物としては酒も忘れてはいけない娯楽だ。海自は艦内禁酒だが、日本海軍では艦内で酒が飲めたので、酒好きなら晩酌をすれば気分転換になっただろう。[*1]

ゲーム類ではトランプ、花札、麻雀、囲碁、将棋などが思い浮かぶが、日本海軍時代からもトランプや将棋は楽しまれていたようで、特にトランプは、士官の間で「コントラクトブリッジ」が盛んだったという。これはなかなか頭を使うらしく、筆者は日本海軍の戦友会で「ブリッジをやると、頭の良し悪しがすぐ分かる」と聞いて、習うのを諦めた。

一方、囲碁や麻雀は艦内では不向きなのか禁止で、特に潜水艦では、麻雀は牌を混ぜると音がするので厳禁だった。このため、ある日本海軍の潜水艦乗りによると、牌を手作りして、カード麻雀を楽しんだそうだ。

読み物や映画なども大きな楽しみだ。旧海軍では、身近な話題が面白おかしく書かれていたガリ版刷りの艦内新聞が盛んで、みんなで回し読みしていたという。初期の頃にはあったのかもしれないが、この艦内新聞は海自には受け継がれていない。とはいえ、

*1　一たび洋上に出れば、スマートフォンは電波が届かないので使えない。そこで非番の自分の時間は読書か、パーソナルゲーム機、好きな映画などのDVDをポータブルで鑑賞など、限られた時間とスペースで楽しむしかない。制限の多い環境下で、規則や周りに迷惑をかけず、どれだけ楽しめるように工夫するか、そのコントロールが自分でできる人でなければ、艦船勤務はなかなか快適には務まらない。なお、二〇二四年の遠洋練習航海では練習艦にスターリンク衛星へつながるアンテナが試験的に設置され、洋上でもスマホが使えるようになった。今後は各艦への設置も検討されているようだ。

一日の終わり、乗員によるラジオの深夜放送風艦内放送。メインは一日のニュースや乗員のエピソ―ドなど、時に音楽も交え、DJを務める若い隊員の話術、センスはなかなかのもの。どこか懐かしい昭和のAMラジオをほうふつとさせた（写真／柿谷哲也）

ある護衛艦では、消灯前に芸達者な若い隊員が、艦内放送で今日の出来事や艦内のトピックスをＤＪのような掛け合いで紹介し、みんなを楽しませていたのが、今風で印象的だった。

映画に関しては、海自の古い潜水艦乗りによると、艦内で映画観賞会をやろうと、映画会社に交渉してフイルムを借り、映写機を艦内に持ち込んで観賞したという。楽しかったが、映写機の発熱がすごく、みな汗だくだったそうである。その後はビデオ、さらに今ではＤＶＤへと進化したが、ＣＰＯ（海曹室）には、なぜかズラリと『男はつらいよ』のＤＶＤが並んでいたりする。他の艦でもそうなので、「何でみんな〝寅さん〟なんですか？」と聞くと、日本の古き良き原風景が懐かしいのと、物語の途中から観ても分かるからだそうだ。

娯楽というと、やはり今でも潜水艦は制約が多く、酒や煙草、スマホは禁止、もちろん艦内で自由に体育をすることもままならない。日本海軍時代、潜水艦乗りになりたくなくて、希望欄に「潜水艦不熱（希望しない）」と書いたのに、潜水艦に配属された人がいた。ところが、「乗ってみて、潜水艦乗りは家族的で居心地が良かった」と、すっかり潜水艦が大好きになったそうだ。こうした声は、現代の海自潜水艦乗りからもよく聞く。娯楽が少ない潜水艦乗りにとっては、このアットホームさが最大の心の癒しだったのだろう。

問われているのは柔軟な発想？

面接は難しいでござる

コロナ禍の影響で就職活動や入学試験の面接もオンラインで行う機会が増えたというが、時代や環境が変わっても、面接が大きな試練であることに変わりはない。面接官はいろいろな質問をしてくるが、緊張していると素が出てしまったり、返答できなくなってしまう。受ける側にすれば、何度受けても悔いが残る結果になることが多い。

とはいえ、面接官の質問も最近では制約があるようで、個人情報の保護や、雇用に対する考え方が変わり、質問してはいけない項目があったりして、以前よりも神経を使うという。「無人島に行くならどんな本を一冊持っていきますか？」などという、意味や意図が不明の質問は、今や適切な質問ではないかもしれない。筆者も入社試験の役員面接で、突然「日本の矛盾点を答えてください」と、たいそうハイレベルなことを聞かれて戸惑ったことを覚えている。

そうはいっても、これらはまだいい方で、元海軍軍人の阿川弘之氏の著書には、面白い面接のやりとりが描かれている。阿川氏の同期が受けた海軍経理学校の口述試問で、「ここに六つの菓子があって五匹の猿がおる。菓子に一切、手を加えず、これを五匹の猿に平等に分け与えるにはどうしたらよいか？」と質問された。その模範解答は「六ツかしござる」だそうだ。海軍とどう関係があるのか疑問に思うが、これはもっと昔の海軍大学校甲種学生の口述試問にも出たらしい。こういう質問の目的は、不意を突かれ

日本海軍の少尉候補生。海軍兵学校は受験者が東大を滑り止めにしたといわれるほどの超難関エリート校だった。しかし面接では柔軟な発想も求められ、決して勉強だけができればよいというわけでもなかった（写真提供／勝目純也）

た時にどう反応するかを見ていたのではないかと、阿川氏は分析している。[*1]

その他にも、「蟻の歩く速度は何ノットか？」とか、「ドナウ河の水深は？」とか、訳の分からない質問もあったそうだ。模範解答は、最初の質問では「蟻といっても、日本には約一五〇種類の蟻がおります。どの蟻をお答えすればよろしいでしょうか？」で、ドナウ河の質問は「ドナウ河は約八キロにわたりウィーン市内を東に流れております。どの地点の水深をお答えすればよろしいでしょうか？」なのだそうだ。ともに質問を逆手にとるのが正解らしいが、大抵は緊張しているし、そんな冷静かつ度胸が座っている人がいるのかと思ってしまう。[*2]

実際、あがってしまい思わず珍回答する人もいる。これも人から聞いた話なのでネタかもしれないが、「真珠湾はどこにあるか？」と聞かれて「三重県です」と答えた者がいたという。また海軍ではないが、警察の昇任試験の際、面接官が「貴官は職務中、警察権の限界を感じたのは、どんな時でしたか」と聞かれて、すっかり上がって頭が真っ白になった受験者が、思わず「鼻が乾いた時です！」と答えたという。

私が面接官なら、質問を逆手に取ってくる学生より、「真珠の名産地」を答えたり、「警察犬」の心配をする学生を採用するけどなぁ……。

---

*1 阿川弘之著「海軍こぼれ話」より。

*2 海軍兵学校の面接では、面接官は学校の成績が優秀なだけでは採用せず、「よくまぁこれだけ大らかに育ったもんだ」と思う学生を採用してこいと言われたと聞いたことがあるそうである。エピソードの質問も正解を求めるのではなく、どれだけ柔軟に発想できるかを問うた質問だと思われる。しかし最近では企業の面接官にもいろいろと気を付けなくてはならないことが多い。「意味や意図の分からない質問をしない」と指導されるという。

至難の業だった海からの生還

生きるか死ぬかは紙一重

北海道知床沖で発生した遊覧船の沈没は実に痛ましい事故であり、ご遺族のことを思うと心が痛む。同時に、海での遭難がいかに過酷な状況に追い込まれるかをあらためて思い知らされた。まして水温が低い海域では、たとえ陸岸が見えていてもなおさらである。戦時中では、数多の艦艇が撃沈されたが、たとえ暖かい海で沈没時に助かっていたとしても、最終的には多くの乗員が命を失った。

筆者が話を聞いた中で、たとえば空母『蒼龍』の艦橋にいた主計科の士官は、ミッドウェー海戦で奇跡的に助かっている。その話をうかがっていた時、近くにいた兵学校のクラスメートは、「彼は泳ぎが下手でね。普通なら助からんですよ。ところが艦橋が被弾してその爆風で海に投げ出されて助かったんですよ。沈む時までおったら助かってませんな」とおっしゃって、それを聞いた本人も納得していた。たしかに投げ出されていなかったら、艦が沈むのに巻き込まれていたかもしれない。[*1]

艦の乗員だけではない。ある水偵のパイロットは、エンジンを撃ち抜かれたが、幸い火災が起きずにそのまま滑空するように墜落したため、搭乗員三名は無事機外に脱出できた。よく見ると近くに島が見える。それに向かって泳ぎだそうとした部下に、機長が「無理に泳いだら体力を消耗する。この潮の流れなら夕方までには島にたどり着く。泳がず仰向けに浮いていろ」と指示した。実際はその通りになり、夕方に無事、島にたどり着いたが、安心

*1　実戦経験者の話を聞くと、戦死は紙一重ということが多くある。三十秒、三十センチが生死を分ける。乗艦する艦艇が沈没となれば、ここからの生還も偶然や運が左右する。その中で沈没したら二度は助からないと言われていたらしい。もちろん例外も多くいた。

1945年4月7日、坊ノ岬沖海戦で巨大なキノコ雲を上げて爆沈した『大和』。生と死は紙一重、ごくわずかな運の違いで生還する者もいれば、戦死する者もいるのが戦場の厳粛な現実だった（Photo/USN）

したのか、疲労困憊の三人は波打ち際で死んだように寝てしまったという。

とはいえ、もちろん泳いで助かる人もいる。重巡洋艦『熊野』は、レイテ沖海戦で損傷して、その後魚雷を撃たれて沈没したが、ある『熊野』の乗員は、無事に泳ぎ切って助かっている。彼は次に駆逐艦『梨』に乗艦したが、これもまた空襲を受けて沈没してしまい、再び海に投げ出された。その時、頭をよぎったのが「海軍では二度目の沈没では助からない」という、いやな言い伝えだった。それでもその乗員は決してあきらめず、無事に生還を果たしている。

戦艦『大和』が沖縄に突入した際に、護衛していた駆逐艦の『濱風』と『霞』の乗員にも話を聞く機会があった。二人はともに砲術長で、兵学校のクラスメートである。凄まじい空襲の体験談を聞いた後に、『霞』の砲術長が、「我々二人の艦は結局、沈没したのですが、こうして無事助かっております」と言うと、『濱風』の砲術長が、「何を言う。貴様は艦が沈没する前に別の艦に移乗しているじゃないか。ワシはちゃんと泳いで助かっている。一緒にされては困る！」と言っていた。要は、オマエは泳がず、濡れずに助かっているじゃないか、というわけだ。[*2]

お二人とも開戦からさまざまな海戦を戦い、生き残ってきた。それでも海からの生還は難しく、生きるか死ぬかは紙一重なのである。

*2 『大和』の沖縄突入で知られる坊ノ岬沖海戦では、『大和』のほかに軽巡洋艦一隻、駆逐艦八隻による第一遊撃部隊が戦ったが、生還したのは駆逐艦四隻のみだった。

面従腹背は下の者の武器

“不関旗”を揚げる

いつの世でも、どんな組織でも上司と反りが合わないのはつらいもので、あまりに酷いと、部下が反抗的態度に出ることもある。

日本海軍では、部下が上官の言うことを聞かないさまを「不関旗を揚げる」と称した。これは、艦の機関などが故障して、「我れ続行不可能」を意味する旗（不関旗）を揚げ、周囲に知らせることから来ている。ただし、軍隊は完全な階級社会だから、面と向かって〝不関旗〟を揚げるわけにはいかない。そこで精一杯、陰の抵抗を示すことになる。上官の食事にフケを入れたり、上官のメシを炊く釜で風呂に入ったり、他愛もないことで憂さを晴らすのだ。こうした不関旗を揚げられるのは、厳しい上官よりも、恨みを買いやすい、細かく陰湿な上官だという。

ある中尉たちが、気に食わない上官に、宴会で小便を飲ませようと考えた。普段から苦々しく思っているので、こういう悪だくみはすぐに話がまとまる。そして宴会の日に中尉三名が便所に集合したが、さすがに〝果汁一〇〇パーセント〟とはいかない。小便をまるまる飲ませればすぐに気づかれると考え、お銚子の中に酒を三分の二、某中尉の小便を三分の一の比率で調合した。

そして宴席の上座に座っている上司に対して、一人の中尉が献盃を申し出た。上官は「まず、君から一杯」と某中尉に盃を渡し、自分の膳の上のお銚子を取り上げて酒を注いだ。某中尉はそれを飲み干して返盃し、用意していた小便入りのお銚子から酒を注ぐ……。作戦は見事に成功。上官は全く気が付かなかったそうで、

艦艇での勤務は究極の職住近接ともいえよう。艦内では折り合いの悪い上官からも24時間逃れられない。しかし潜水艦のような住環境の悪い艦種では逆にアットホームな雰囲気だったという（写真提供／勝目純也）

その後、三人とも抱腹絶倒だったのは言うまでもない。

小便を飲ませる話として、別のエピソードもある。日本海軍では英国式なので艦内で酒が飲めた。ある艦長は食後の楽しみとしてブランデーを毎晩、愛飲していたが、ある時、フト見ると昨晩より少なくなっている。気のせいかと思っていたら、翌日も減っているようだ。「これは従兵が盗み飲みをしているな」と思い、まず半分以上残っているウイスキーの瓶をさかさまにして印を付け、瓶を元に戻した。これなら印はウイスキーの濃い色に隠れて、見た目は分からなくなる。翌日、確かめてみるとやはり少し減っている。やっぱり飲んでいるな、と確信したこの艦長ドノ、その晩はいつもより沢山ブランデーを飲んで、減った分だけ自分の小便を入れておいた。これで従兵を懲らしめてやろうという作戦だ。[*1]

その後、毎晩確かめると確実にブランデーが減っていく。何日かして、これだけ飲ませれば懲りるだろうと考えた艦長は、ある日、従兵を問い詰めるため「毎日、私のブランデーが減っている！　どうしてか？」と切り出した。

すると、従兵いわく「はい。艦長が毎晩お疲れかと思い、お食事のあとの紅茶にブランデーをお入れしておりました」。

*1　従兵とは、准士官以上の日常の使役に従事し、公室、私室、食器室、浴室、洗面所を受け持っていた。士官室で士官二人につき従兵一人、士官次室では候補生以上二人から四人につき一人。准士官室は二人〜三人につき一人の割合で担当した。ただし純然たる私用（下着を洗うなど）を命じることはなかった。

頼りになる虎の巻

軍歴 お調べします

長年日本海軍の研究を続ける中、人物の軍歴を知ることは重要であり、このためさまざまな名簿を手に入れてきた。たとえば、海軍歴史保存会が編纂した『日本海軍史』の「将官履歴」には、海軍武官のうち将官になった二一三一名の軍歴が掲載されている。また、「海軍義済会員名簿」は、海兵なら七十期、機関学校五一期、経理学校三一期までと、昭和一七（一九四二）年までが記載の最後となっている名簿だが、退役者を含めて各クラスが序列順に掲載されていて興味深い。

「現役海軍士官名簿」は大正一五（一九二六）年から昭和一二（一九三七）年までが国立国会図書館に現存しているし、「海軍辞令公報」は昭和一二年から終戦までがアジア歴史資料センターでネット検索できる。ご興味がある方は、調べてみるとよいだろう。

その他、各学校の出身者名簿などを駆使して人物の軍歴を調べていくのだが、たまにゆかりのある人から個人的に依頼を受けることがある。「祖父が海軍だったが、何も分からない。兵学校を出て戦艦に乗っていたらしいと父親から聞いたことがある」というようなあいまいなヒントはあるが、海軍士官であれば、先の名簿類を駆使して軍歴を調べることができる。

しかし家族の記憶は曖昧であることが多く、該当者が見つからないこともある。かくいう我が家も、曾祖父は軍医で日露戦争に出征し、旅順で戦病死したと聞かされてきた。子供のころの筆者は、家に残された写真を見て「お医者さんだったのに、病気で死んだ

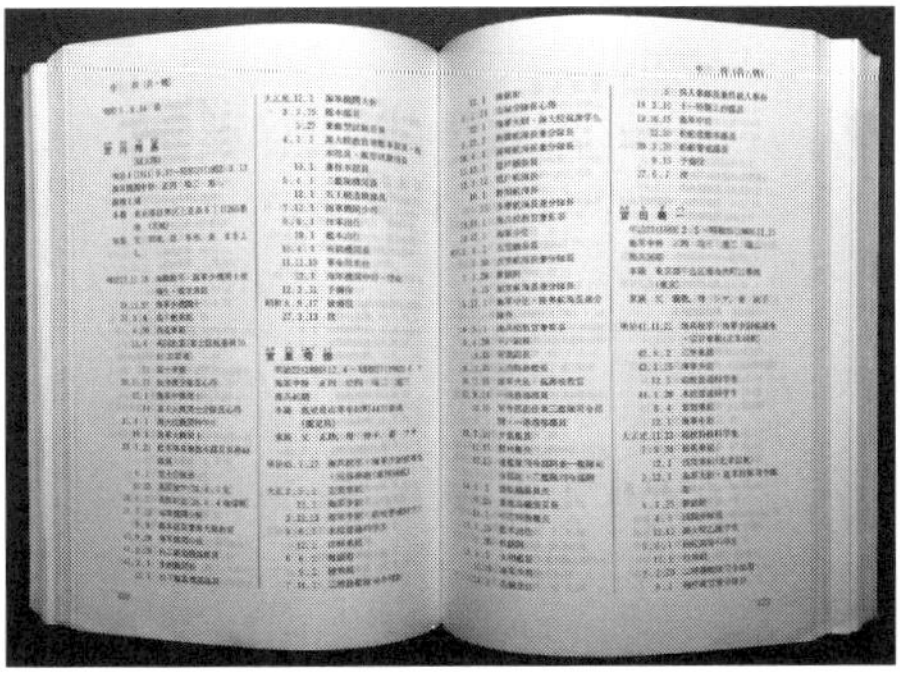

『日本海軍史』の「将官履歴」のページ。日本海軍に限らず軍人の履歴は指揮権の継承順の面からも重要で、しっかりとした記録が残されている（写真／勝目純也）

んだ」と思っていた。

長じて陸海軍に興味を持つようになったころ、その写真の裏に「歩兵第二十三聯隊第十二中隊編入セラレシ同県同窓学友」と記念に撮った写真と書かれていることに気づいた。

「歩兵？ 軍医じゃないの？ そもそも二十三連隊は旅順に行ってないし……」と思った筆者は、防衛研究所の図書館にある『歩兵第二十三聯隊史』で調べてみると、「日露戦争出征将校同相当官職員表」に第二大隊第七中隊の小隊長として曾祖父の名前を見つけたのである。知識のない家族の伝聞は、いかに不正確に伝わるかを、身をもって体験した次第だ。

そんなある時、海上自衛隊の1佐の幹部から、実父の軍歴を調べて欲しいと依頼された。父親が元気な時に体験談を聞く機会を逸したまま亡くなられたそうで、自分がそろそろ退役する年になって、父の軍歴が知りたくなったという。

さっそく取りかかったが、懸命に調べても兵学校出身者に該当者がいない。相手は海上自衛官、よもやそこは間違えないだろうとさらに調べたが、やっぱり分からない。*1

仕方なくギブアップしたら、「あっ、申し訳ない。私は養子にいってまして、旧姓をお伝えしてませんでした」

CMじゃないが心の中で、「早く言ってよ〜」とつぶやいた。

*1 親族でない限り、特定の軍人の軍歴を調べることは非常に困難である。資料が一貫して同じ部門に残されていないことや、昨今では個人情報管理が厳しく、併せて至難の業となる。親族が証明できれば厚生労働省に問い合わせが可能だが、研究者であれば自力で調べなくてはならず、国立国会図書館、国立公文書館、防衛研究所、アジア歴史資料センターで根気よく調べる必要があるが、最近はオンラインでの調査も可能になってきている。

知られざる秘密兵器？
過酷なる軍用犬の運命

以前、海軍軍人だった方からお聞きしただけなので信憑性には自信がないが、興味深い話がある。

太平洋戦争末期の島嶼戦において米軍は日本軍が得意とする夜襲に悩まされた。闇に紛れて忍び寄り、白刃を閃かせて一斉に切り込んでくる日本軍の襲撃は、最前線の米軍兵士を恐怖のどん底に落とし入れた。それを防ぐ方法として、米軍はさまざまな方法を考え出した。たとえば陣地前方に戦車を配置し、突撃予想路には襲撃を察知する集音マイクを置いたが、さらには軍用犬をも使い始めた。

軍用犬は、日本軍にとって厄介な存在だった。犬は追っ払っても追いかけてくるし、吠える、噛みつくと、実に始末が悪い。射殺するのは簡単だが、銃声で自分の居場所を知らせてしまうことになる。たとえ毒入りの餌を与えても、訓練された軍用犬は、飼い主からでなければ餌を食べない。[*1]

そこで、くだんの海軍さんの話によると、海軍陸戦隊が軍用犬対策として新兵器を開発したという。それは、今の缶コーヒーぐらいの大きさの容器で、「使用直前ニ到ラザレバ開封スベカラズ軍極秘」と仰々しい注意書きが貼られていた。缶の中にはピンポン玉ほどの肉団子が二個入っていて、使用する時は絶対に素手で触ったり、身に着けている物に触れさせず、付属する紙を使って掴み、地面に擦りつけた上、犬に向かって投げる。そうすると、犬は急におとなしくなったり、狂ったように団子にじゃれつくので、その間に突撃するというのだ。

---

*1 自衛隊では「軍用犬」とは呼ばないが、基地警備などにあたる「警備犬」がいる。全体では海上自衛隊より航空自衛隊の方が航空基地の警備を任じているため か頭数が多く、数年前のデータでは海自約七十頭に対し、空自約二〇〇頭である。海自では現在犬種はジャーマン・シェパード・ドッグのみで、最近空自ではベルジアン・シェパード・ドッグを数頭調達している。ジャーマン・シェパードは知的で忠誠心、服従精神に富んでいることから、災害救助犬、警察犬、麻薬探知犬など、警備や監視に活躍している。

海上自衛隊の警備犬の訓練風景。ハンドラーは専用の完全防備で訓練に臨む。警備犬はジャーマンシェパードで、地方隊の陸警隊に所属している（写真／Ｊシップス編集部）

はたして、この団子は何でできているのであろうか？　もちろん犬なのでマタタビではない。

先の海軍さんいわく、この団子は発情期のオス犬の睾丸と、メス犬の卵巣をすり潰して作ったものだという。湿り気を与えると臭いを発し、この臭いを嗅ぐと、いかに良く訓練されている軍用犬であっても「その道ばかりは別」というわけで、敵を襲うことを忘れてしまうのだそうだ。ちゃんとした会社が製造していたそうだが、実戦で効果があったかどうかは定かでない。あくまでこの海軍さんの話だから実際のところは分からないが、もし本当なら、新兵器のために犬すら犠牲になっていたわけだ。そもそも軍用犬の最期は悲しいもので、当時は役目を終えたほとんどの軍用犬が殺処分されたという。

軍用犬の多くはシェパードであるが、とても忠誠心が強い犬で、能力的に盲導犬にもなれるそうだ。盲導犬は、幼犬期の一年、「パピーウォーカー」というボランティアの家にあずけられ、愛情をもって人間との関係性を作り上げてから本格的な盲導犬の訓練をするという。シェパードは忠誠心が強いため、主人と引き離されるとトラウマが発生してしまうそうである。[*2]

だとすれば、忠誠を誓った主人に、突然殺処分されてしまう軍用犬を思うと、戦争の厳しさとはいえ、あらためて心が痛む。

*2　警備犬などの訓練にあたる人をハンドラーと呼ぶ。犬の調教や訓練には比較的女性が向いているといわれ、ハンドラーも女性が多い。

部下を信じて任せよう

「訓令戦術」と「命令戦術」

日本海軍の潜水艦の作戦行動に「『ナ』の散開線」というのがあるが、そこで起こった悲劇をご存じだろうか？

「散開線」というのは、複数の潜水艦を、間隔を空けて直線状に並べ、敵艦船の予想進路に対して交差するよう設置する警戒線のことである。[*1] 散開線にはアルファベットやカタカナが符牒されるが、昭和一九（一九四四）年五月、ビスマルク諸島ニューアイルランド島北方海面に「ナ」と符牒された散開線が設けられた。「ナ」の散開線には七隻の潜水艦がほぼ等間隔で配置されたが、ある米駆逐艦がこの法則性に気付いた。そしてたった一隻の駆逐艦によって、七隻のうち五隻の潜水艦が次々と撃沈されたのである。

きっかけは位置を報告する潜水艦からの通信だった。日本海軍では潜水艦の指揮において、司令部が散開線の位置変更を指示したり、潜水艦側もそれに対する了解電を発信しなければならないなど、いちいち指示や報告を通信で行っていた。これが被探知につながったのである。

現代の潜水艦では、任務や哨戒区をあらかじめ指示して、あとは艦長の判断と力量に任せ、情報提供だけは一方通行で艦隊から潜水艦に送る方式が採られている。当然、潜水艦からの返信は求めない。このような指揮を「訓令戦術」といい、日本海軍のような、指揮官からいちいち出される命令に従って逐次行動するやり方は、訓令戦術に対比するものとして「命令戦術」と呼ばれる。

ただ日本海軍では、個々の指揮官においては訓令戦術で部下を

*1 散開線、後に散開面は日本海軍で採用された潜水艦の哨戒配備の方法である。当時は哨戒で展開している潜水艦が敵艦隊や船団を発見したら、通信で仲間に連絡して敵を包囲、襲撃した。潜水艦の配置の目安は条件がよければ隣の潜水艦が目視できる程度の距離に配備した。しかしレーダーや通信傍受が優れてくると散開線方式は破探知につながり、逆に潜水艦の喪失につながった。

部下を育てる上司は自分がやった方が早いと思っても一歩引いて部下の自主性を尊重して任せ、いざとなったら時に厳しく指導する。一般企業でもこれは同様であろう（写真／Ｊシップス編集部）

育成した例は多い。安久《あんきゅう》栄太郎という艦長は、二三回にも及ぶ潜水艦輸送を成功させた強者であるが、彼の部下によると、基本的にすべて部下に任せ、危険な時や、部下が判断を大きく間違えた時に絶妙なタイミングで指導してくれたそうである。*2

これは一般企業においても同様ではないだろうか。もちろん、放任や放置は論外だが、部下を信頼して任せる度量が上司には必要である。常に部下の働きを見ていて、適切な時にアドバイスし、時には厳しく指導することが大切だ。

これに対し、とにかく頻繁に報告を求め、干渉を繰り返すという、今ビジネスの世界で問題となっている「マイクロ・マネジメント」は最悪と言える。「管理しなくては、部下はさぼる」との性悪説から逃れられないのか、月報に日報、重点顧客の管理シートなど報告書類を山のように求め、それらを分析しては、あれやこれや欠点を見つけ出す。そこまで過干渉されると、部下は信頼されていないと感じ、最終的にモチベーションが下がるか、捏造された報告書類が上がってくるのがオチである。

そんなマイクロ・マネジメントを続けていたら、次々と潜水艦が失われた「ナ」散開線のように、部下はどんどん会社を去ることになるだろう。安久さんのように、部下を信じてみようではないか。

*2　安久榮太郎艦長は82ページでも紹介した名物艦長であるが、元部下の方によれば、すべて部下に任せるタイプの指揮官で、度量の大きな艦長だったそうである。将来、自分が艦長になった時は安久さんのような艦長になりたいと思ったそうだが、実際の艦長になったら「とてもできませんでした」と語ってくれた。

海自艦艇に残るもの 消えたもの

新鋭護衛艦見聞記

先日、海上自衛隊の会合に参加したところ、とある2等海佐が駆け寄ってきて挨拶を求められた。なんでも本連載をずっと読んでくださっているとのことで、大いに恐縮した次第。いやはや筆者冥利に尽きるとはこのことで、本連載も一四年目に突入し、ありがたい限りである。

このエッセイでは、日本海軍と海上自衛隊のこぼれ話をひろっているが、時代が変わって変化したものと、相変わらず不変のものがある。

先頃、ペルシャ湾掃海派遣で活躍した補給艦『ときわ』を取材したところ、なんと伝声管がまだ残っていた。

『ときわ』は進水からかれこれ三四年前の艦なので、日本海軍の名残があるのだろう。一方、新しいコンセプトの新型護衛艦ＦＦＭである「もがみ」型を取材した際は、もちろんフル・ステルスの形状もさることながら、細かい変化だとマストを上下する速力標が廃止されていた。

速力標は、艦船が艦隊を組んで航行するとき、僚艦に速力を示すための標識で、外観は赤く塗られた釣りの魚籠のようなものをあわせた、ひし形の形状となっている。マストを上下する速力標の位置で、前進微速、原速、強速、第一戦速などを表し、現在ハイテクの護衛艦でも使用しているが、最新の「もがみ」型では、ついになくなったわけだ。*1

さらに、艦橋の左右舷に張り出しているウイングにも見張りは

*1 『もがみ』型はＦＦＭと称する新艦種の新コンセプト護衛艦である。ＦＦ（フリゲート）に加え、機雷の「Ｍｉｎｅ」や多機能性を意味する「Ｍｕｌｔｉ－Ｐｕｒｐｏｓｅ」から命名された。その名の通り多用途艦で、従来の護衛艦の任務に加えて、自艦の機雷掃海任務も実施できる能力をもつ。二〇二七年までに一二隻が配備予定で、さらに十隻はＦＦＭ改として計画されている。

海上自衛隊の最新護衛艦「もがみ」型の1番艦 FFM1『もがみ』。写真右に見えるのは「むらさめ」型DDで、両タイプの1番艦の就役には四半世紀の違いがある。艦種が違うこともあるが、外観の変化は著しい（写真／Ｊシップス編集部）

立たない。「もがみ」型では、艦橋やＣＩＣのモニターで監視できるようになっている。港に近づくと測距儀をセットし、陸岸までの距離を「やーてん、やーまる〜」なんて独特のイントネーションで報告する声も、聞こえてこないだろう。

装備の面だけでなく、生活面でも日本海軍時代と比べて変化がある。海自では幹部も海曹士も同じ科員食堂で一緒に食事をとるので、海士と艦長が相席などということもありうる。当然、士官室での配膳や給仕をサポートする士官室係はいない。

これは少子化対策と、募集難への対策であるための小人化だろう。「もがみ」型の排水量は三九〇〇トンで乗員が約九十名なのに対し、一番艦が一九八六年に進水した三五〇〇トンの護衛艦「あさぎり」型は二二〇名と、乗員数で大きな違いがある。*2

それでも日本海軍と比べると少ない。戦艦の例だが、『長門』『陸奥』は約一三〇〇人、『大和』『武蔵』なら約二五〇〇人だ。これでは直属の部下の顔と名前も覚えるのも大変だったろう。

『長門』で分隊長をしていたある士官が、街でばったりあった顔見知りの兵隊に敬礼された。くだんの士官が「元気にしているか。今は何に乗っている」と聞いたところ、「……『長門』であります」と言うので、「なんだ、同じ艦じゃないか。どこの分隊だ?」と聞いたところ、「いや……、分隊長の分隊であります」。

これはさすがに気まずいが、海自のＦＦＭなら大丈夫、かな?

*2　省人力化も『もがみ』型の大きな特長だ。少子化などで加速する自衛官の募集状況は厳しく、極力艦の定員を減らす努力がなされている。さらに本型からこれまでの護衛艦の建造に際しての規定を見直し、運用者の使いやすい設計へと随所が改められており、さまざまな意味でも新コンセプトを導入している。

「一杯いかがです？」

守られた日本酒の伝統

海上自衛隊の日々の慣習には、日本海軍の伝統を継承しつつ、米海軍の特徴や良さがいろいろ取り入れられている。「艦内での禁酒」もその一つだ。

日本海軍と戦った米海軍のある軍人は「海上自衛隊を作るにあたり、米海軍を範とするのは誠にけっこう。ただ艦内の禁酒まで真似することはなかろうに……」と言ったとか。かつて日本海軍は英国海軍の影響を受けており、艦内での飲酒も英国海軍と同じく、一定のルールの範囲であれば特に禁じていなかったのだ。

例えば潜水艦では、生鮮食品はすぐになくなったが、酒だけは豊富だったそうで、戦争末期でも「当直が終わりますと、キュッと一杯ひっかけまして、横になっていました」と元乗組員から聞いたことがある。酒の種類も豊富で、日本酒はもちろん、ワインやウイスキー、焼酎となんでもあった。潜水艦には風呂などないので、洗面器に焼酎をあけて、それにタオルを浸して身体を拭いた人もいたそうだ。

日本海軍には酒保という、いわば艦内の売店があった。ちり紙である芥紙（海軍では「あくた」といった）、石鹸、歯ブラシ、歯磨き粉などの日用品から、煙草、菓子、サイダー、そしてビールや日本酒といった嗜好品も売っていた。当時酒保で売られていた日本酒の主な銘柄は三宅本店の「千福《せんぷく》」や、加茂鶴酒造の「加茂《かも》鶴《つる》」であったが、特に「千福」と海軍の縁は深い。

「千福」は、日本海軍の練習航海で何度も赤道を通過しても変質

練習艦隊のレセプションで配られた「千福」の練習艦隊バージョン。蓋は練習艦隊のエンブレムになっている（写真／Ｊシップス編集部）

や変味がなかったことが高く評価され、以後海軍で広く愛飲されるようになった。美味しいうえに、このように品質も高いことから、その後も納入量が増えていったという。そうしたこともあってか、昭和二十（一九四五）年に「千福」の製造会社である広島県の三宅本店が空襲で被害を受けた時も海軍が助け、その御礼にと三宅本店は散水車に酒を満タンにして、海軍に届けたそうである。*1

終戦後、三宅本店は空襲で大きな被害を受け、その再建には大変苦労したという。特に極度の資材難に陥ったことから、海軍が保有していた資材を何とか活用させてもらえないかと、敗戦処理をしていた海軍に頼んだ。すると「三宅なら借りがある。空襲の時に酒を散水車で配給してくれて、将兵が大変喜んだ。我々ができることがあったら努力する。どうか一日も早く復興して、また旨い酒をつくってくれ」と資材を提供してくれたという。

今年、ようやくコロナの行動制限が緩和され、各地で海自の練習艦隊のレセプションが開かれるようになった。筆者も招待していただいて参加したが、その時のお土産が、紙パックの「千福」であった。海上自衛隊になっても、「千福」は海の将兵たちに愛されているのだ。

*1 日本海軍と日本酒となると「千福」以外にも、同じ酒造から明治期には「吾妻川正宗」、大正期には「呉鶴」、昭和の一時期は「國防」「海防」とあるが、知名度では「千福」が最も高い。昭和五六（一九八一）年に公開された東宝映画「連合艦隊」で、戦艦『大和』が出撃する際にガンルームで宴会のシーンがあるが、テーブルにはちゃんと「千福」の一升瓶が置かれていた。

潜水艦乗りのディーゼル・スメルも今や昔

汗臭い男は嫌われる？

小学生の頃、夏休みに親から「宿題は涼しい午前中にやりなさい」と言われたものだが、最近は朝から酷暑で、子供たちにそんなことも言えなくなってきた。近年における日本の夏の暑さは南方並みではないかとも思うが、日本海軍時代の艦艇で、クーラーのない艦の中はどんなに厳しかったのか、想像に難くない。

日本海軍では、開けた舷窓の外側に取り付ける、通称「耳かき」という簡単な風の取り込み器具があり、航海中でも特殊な場合を除いて用いられていた。しかし、下甲板にある私室でこれをはめたまま寝ていると、舷窓が開いた状態となっているので、波が飛び込んできて部屋中ずぶ濡れになり、大騒ぎとなることがあった。*1

とはいえ、水上艦であればこのように外気を取り込むことができるし、荒天でなければ上甲板に出て過ごすこともできたが、潜水艦は悲惨だったという。シャワーのような洒落たものがないため、たまに来るスコールを待つしかなく、まして敵に見つかりそうな海域では、それすら不可能だった。仕方なく上半身裸で勤務し、アルコールで身体を拭くのが精々であった。汚い話で恐縮だが、暇つぶしに身体をこすると「垢」がいくらでも出てくるので、それを大きい球にするのが面白かったそうである。こんな調子なので、長期行動が終わって陸にあがり、久しぶりに風呂に入って丁寧に洗っても、垢がなかなか取れなかったという。*2

海上自衛隊初期の潜水艦はさすがにシャワーが設置されていたが、造水装置も性能が低く、やはり厳しい節水制限があった。さ

---

*1　「耳かき」は鉄製で自由に回転させることができたので、風の方向により自由に調整することができた。ただし戦闘艦艇ではそもそも舷窓があることはダメージコントロール上よろしくない。日本海軍も新造艦から少なくなっており、海上自衛隊の国産護衛艦では一切舷窓は設けられていない。

*2　日本海軍の潜水艦では衛生環境が劣悪で、入浴、洗面もままならず、乗員の健康を損ねていた。そのため戦時中でも長期の行動で内地に帰還すると、一定期間温泉地で静養してから勤務に戻していた。温泉旅館は海軍指定で、横須賀なら熱海と伊豆にあった。

帰港した伊29。第4次訪独潜水艦として困難極まる任務を成し遂げ、見事往復に成功、シンガポールに帰港したが、あと一歩のところで撃沈されている。潜水艦の劣悪な居住環境は、水上艦の比ではなかった（写真提供／勝目純也）

らに艦内空調もあまり整っていなかったので、「ディーゼル・スメル」と称する、ディーゼル臭や生活臭が混ざり合った独特の悪臭を放った。このため、潜水艦の勤務が終わって帰宅すると、通勤バスなどでは周囲に人がいなくなり、家族にも嫌われたそうだ。

最近の潜水艦では空調も整い、真水のタンクの容量も拡大したので昔よりも快適になったが、それでもそこは潜水艦、やはり基本は節水である。節水にもいろいろ工夫があり、その一つに「シャワー許可の日を決めない」というのがある。こうすると水の使用量が増えないそうだが、その理由はシャワーの日を決めてしまうと、その日を逃すとしばらく使えなくなるので、浴びたくない人も使用するようになるからだという。

最近では、ついに女性自衛官も潜水艦に乗り組むようになった。その結果、女性が勤務する潜水艦の真水の使用量が増えたそうである。そりゃそうだろうと思いきや、実は女性ではなく、男性乗員がいつもより高い頻度でシャワーを浴びるからだそうだ。なるほど、「男子校から急に共学になった」ようなもので、女性へのエチケットを重んじる男性心理が原因のようだ。ただし、これはあくまで「噂」であり、海上自衛隊の公式見解ではないのであしからず……。

生まれ変わった横須賀の大きな鯨

潜水艦今昔

海上自衛隊には何隻の潜水艦があるか、ご存じだろうか。答えは二二隻で、これは二〇一〇年の防衛大綱で定められたものである。その母港は呉と横須賀で、呉の第1潜水隊群に一二隻、横須賀の第2潜水隊群に一〇隻が配備されている。そして第2潜水隊群が今年（二〇二三年）十月で、ちょうど五十周年を迎えた。

第1潜水隊群は、潜水艦五隻と潜水艦救難艦一隻からなる二個潜水隊が一九六〇年に呉で新編されたことでスタートした。初代の群司令は日本海軍の潜水艦乗り伊藤久三海将補で、現在の吉田誠1佐で第三一代目となる。

潜水艦の故郷は呉ということになっているが、日本海軍の潜水艦部隊が最初に編成されたのは、横須賀である。明治三八（一九〇五）年一月に初めての潜水艦部隊である第一潜水艇隊が編制されたのは、今から一一八年も前になる。最初の潜水艇五隻が揃ったのが同年十月一日、国民の目の前に潜水艇が初めて登場したのが、十月二十三日に横浜沖で実施された日露戦争凱旋観艦式だった。[*1]

当時の潜水艇は小さくて、海が荒れる冬になると、東京湾内でも訓練できない。そこでより穏やかな瀬戸内海が適所と判断され、潜水艇隊は呉に大移動をすることになった。ただ、東京湾でも危険だった潜水艇の呉への移動は大変で、駆逐艦などに曳航されて、天候を見定めては前進し、悪くなれば港に入るなどしたため、呉まで三週間もかかったという。

---

*1 「日露戦争凱旋観艦式」において初めて公開された潜水艇のエピソードは当時海軍少尉として第三号潜水艇に乗艦していた海兵三十期、重岡信治郎海軍中将の手記から。重岡中将はその後も潜水艦畑を進み、初期の潜水艇の艇長を歴任して、潜水学校長や第二潜水戦隊司令官などを務め、昭和六（一九三一）年に予備役へ編入されている。

海上自衛隊の最新型潜水艦「たいげい」型の1番艦『たいげい』。就役時は艦番号SS511を冠していたが、現在は本艦が初となる艦種の試験潜水艦SSEに種別変更され、SSE6201を冠している。写真左奥は「そうりゅう」型（写真／Jシップス編集部）

それほど当時の潜水艇は小さかった。先の観艦式での艇長の回想録によると、観艦式で「潜航」を命じたが、艇はなかなか潜らなかったという。なぜなら横舵手が不慣れで自信がないので、慎重に舵を小さく操るからである。苛立った艇長に「潜らんじゃないか。早く潜れ！」と言われた舵手は、急に大きく下げ舵を取った。すると小さな艇はぐんぐんと潜航し、ついに潜望鏡までも水中に没入してしまった。今度は艇長が「深いぞ、潜望鏡が見えんじゃないか！」と言うと、舵手は急いで大きな上げ舵を操り、艇はポカンと海上に浮き上がる……。こうして沈んだり浮いたりを繰り返して、やっと観艦式の潜航を終えたそうである。

ただ、当時の新聞では「恰《あたか》も大鯨《たいげい》が海中を遊泳するが如く出没自由自在、その見事な潜航振りには唯々《ただ》感歎《かんたん》の外はない」と称賛され、それを読んだ艇長は苦笑したそうである。

横須賀に再び潜水隊が編制されたのは明治四一（一九〇八）年一二月である。つまり横須賀の地に潜水艦部隊が定着したのは、海上自衛隊では五〇年前だが、日本海軍までたどれば、一一五年になる。かつて横浜沖で慌てていた小さな潜水艇も、今や世界初のリチウム電池搭載の最新鋭潜水艦となって横須賀に存在している。その艦名は、明治の新聞でも評された『たいげい』である。[*2]

*2　二〇二四年三月にこれまでの第1練習潜水隊が解隊され、第11潜水隊として再編、最新型の潜水艦「たいげい」は、試験潜水艦に種別変更の上、同潜水隊に異動となった。これにより潜水艦の開発・教育・訓練の充実が図られる。

【特別編】時を隔てた邂逅

英和辞書の取り持つ縁

曾祖父 野間口兼雄の息子たち

筆者に野間口兼雄という海兵一三期、海軍大将で関東大震災時の横須賀鎮守府司令長官だった曾祖父がいる。苗字が違うのは兼雄の娘が私の祖母だからである。

兼雄は十人の子宝に恵まれ、五人の男児があった。その中で筆者からみて大叔父となる三人が海軍に進んだ。一人は三男の野間口兼良で、海軍技師となった。四男の野間口光雄は東大に進み海軍専科学生となり、卒業後、造兵士官になった。光雄は昭和一六（一九四一）年二月、日本から陸海軍軍事視察団としてドイツに送り込まれた。陸軍の団長は山下奉文中将、海軍の団長は後にUボートで帰還する野村直邦中将だった。

光雄は陸海軍技術権威者四十数名からなる航空班の一員に加わり、爆撃照準器の技術士官としてドイツに渡って、主要兵器工場や軍事施設を視察した。しかしその後日本が第二次世界大戦に参戦したため帰路を失い、ドイツに留まることになった。そして唯一の日独連絡手段となった潜水艦での帰国が図られた。光雄が同乗を許されたのは伊二九である。艦長は伊一九で一回の魚雷襲撃で空母一隻撃沈、戦艦一隻撃破、駆逐艦一隻撃沈の戦果を挙げた木梨鷹一艦長である。

便乗者には噴射推進式飛行機Me163型、Me262型戦闘機の設計図を携えた巌谷栄一技術中佐がおり、光雄も技術少佐として帰国を目指した。最終的に伊二九はバシー海峡で米潜の待ち伏せにあい、撃沈されるが、便乗者はシンガポールで艦を降りて空路で日本を目指したため助かっている。ちなみに光雄の妻は長谷川清海軍大将の娘である。

もう一人の五男は野間口文雄といい、慶応大学から一般の会社に就職したが昭和の名制度といわれた海軍二年現役主計科士官の第一期生として海軍に進んだ。

筆者の曾祖父にあたる野間口兼雄海軍大将の家族写真。野間口の娘（次男を抱いている）が、筆者の祖父に嫁ぎ父親（長男、立姿）を生んでいるので、筆者は苗字が違う。兼雄は大正13年に予備役になっているため、この写真はすでに現役時ではなく、何かの海軍行事で大礼服を着装している（写真提供／勝目純也）

短期現役士官として海軍へ

日本海軍の主計科士官は年に二十名程度採用され、海軍経理学校で生徒として三年学び、少尉候補生として練習艦隊で一年、さらに連合艦隊第一線の各艦に一年配属され、約五年をかけて主計少尉に任官していた。しかし支那事変が勃発し、米英との関係も日に日に悪化すると、主計科士官が足りなくなってきた。かといって大量採用すれば職業軍人となるので永久服務となり、事変や戦時体制が終結すれば逆に余剰となる。そこで考えだされたのが大学法学部、経済学部の卒業生から志願者を募り、選考に合格した者を海軍主計中尉に任官するという制度である。

五ヵ月の教育により主計中尉にするのであるから、教官も志願者にも責任が重かった。そして二年現役を務めると、予備役になる。志願者にはすでに一般企業に就職していた者が多くいるので、二年現役が終われば会社に戻れるように企業側にも協力を依頼している。

野間口文雄を含む一期生三五人は、昭和一三（一九三八）年七月一日に海軍に入った。この時の採用試験の競争倍率は、約二五倍にも達している。選ばれた三五人は錚々たるメンバーで、クラスヘッドの谷村裕は東大を「全優」で卒業し、「天下の秀才海軍に来る」と新聞に書かれた。谷村は後に大蔵省事務次官まで進む。村上素男は戦後、日本興業銀行を経て東京都民銀行の頭取になった。鮫島具重は元海軍中将の鮫島員重の子息で、鮫島は自分を酔って殴った少尉を温情処分した度量の深い提督である。

野間口文雄は開戦前に特設水上機母艦『神川丸』、巡洋艦『妙高』の主計長を務め、一旦予備役となったが、再び昭和一七（一九四二）年一月に召集を受け、中型爆撃機の航空隊である第四航空隊の主計長となった。その後一度現役を離れたが、再度招集を受け、第二南遣艦隊の副官に着任している。主計科士官でありながら副官を務めることはこれまでの海軍では特例で、中央へ司令官に随行した際、副官顕彰を付けている主計科士官がいると咎められたことを本人は誇りにしていた。

安藤昌彦との出会い

時は過ぎ、「はじめに」で紹介した潜水艦出身者交友会「伊呂波会」での話に戻る。本エピソードを多数提供してくれた安藤昌彦という海兵七二期の水上機パイロットが伊呂波会に来ていた。彼は戦時中、零式水上偵察機に乗り、磁気探知（ＭＡＤ）を使用して対潜哨戒で戦場を飛び回っていた。スラバヤでは2機で対潜哨戒中に米潜水艦を探知、急速潜航する米潜に対潜爆弾を投下、潜水艦撃沈確実の大戦果を挙げている。この戦果に対し司令官から直々に「轟沈メダル」を授与されている。

ところが、この米潜撃沈が原因で、当初は伊呂波会への入会を許されなかったという。理由は、敵といえども潜水艦を撃沈した者の入会はあいならんということだった。真剣に言っているのか、冗談なのかは分からないが、安藤は、入会を遠慮していた。ところがしばらく経って米海軍資料が明らかになると、安藤の攻撃した米潜は損傷こそ受けたが沈没していなかったことが判明した。このことにより晴れて伊呂波会に入会を許されたそうである。

ある会の時、安藤は私の隣の席にいた。彼は「あなたがそんなに海軍に興味があるのは、お父さんが海軍だったの」と尋ねてきた。私は「いいえ、父は海軍ではありませんでした。ただ私の曾祖父が野間口兼雄という海軍大将でした」。その答えを聞いた安藤は目を丸くして固まったように見えた。

「その方の息子さんに野間口文雄さんという人はいませんか」。今度は私が驚いた。先述のように文雄は私の大叔父である。「実は野間口さんにはとても感謝していることがあるんです。まだお元気ですか」と聞かれた。残念ながら、文雄は私が伊呂波会に入会を許される数年前に他界していた。がっかりしながらも、安藤は文雄との戦地での思い出話を語ってくれたのである。

1945年9月、レンパン島へ渡る輸送船に押し込まれた日本軍捕虜たち。マレー半島、シンガポールなどで終戦を迎えた日本軍将兵は、まとめてシンガポール南西25マイルにあったレンパン島へと送られたという（Photo/National Army Museum）

途方に暮れた連絡将校

安藤は大戦末期まで日々対潜哨戒の任務に就き、スラバヤで終戦を迎えた。イギリス軍によって武装解除された南方軍のうち、ジャワ、スマトラ、マレーに駐留していた約七万の日本軍将兵は、捕虜としてレンパンという小さな島に収容されることになった。

そこはシンガポールとジャワの間のマラッカ海峡に浮かぶ無人島で、ジャングルに覆われ、自給自足が困難な島であった。当初イギリス軍は一日、一人あたりマッチ箱一杯相当の米しか支給しなかったため、捕虜たちはたちまち飢餓に陥ってしまった。

こうした状況下、安藤はイギリス軍との連絡将校を命ぜられたのである。安藤は学校では成績優秀で、英語もよく勉強したが、最前線で駆けずり回り、もうすっかり忘れてしまったと思ったという。ましてイギリス軍相手に同胞

伊呂波会に出席していたころの安藤昌彦。今から20年近く前、2005年の撮影で、筆者に聞かせてくれたさまざまなエピソードは本書にもたびたび書かせてもらった（写真提供／勝目純也）

の安否にかかわるような交渉を受け持たなくてはならない。間違ったままの解釈で同意したら大変なことになる――。

レンパン島に渡る前、安藤はプジョンの海岸で途方に暮れて座っていた。そこをラバウル四空時代に顔見知りだった大叔父である野間口文雄が通りかかった。「あんちゃん、どうしたの」と歩み寄ってきたという。捕虜収容所の連絡将校を命ぜられたが英語の自信がなく、途方にくれていると話したら、ずいぶんと心配してくれて、「これをあんちゃんに進呈するよ」と英語の辞書を持たせてくれた。

困ったときの英和辞書

実はこの辞書が後に大変に役に立った。収容所のイギリス軍との会話や書類の読み書きなど、大いに活用したという。公務の間でも食糧を包んでいたイギリスの新聞などを辞書片手に読んで気を紛らすこともあった。こうした努力のお陰もあり、イギリス軍の連絡将校と打ち解けることができ、その後の収容所内の交渉も随分とスムーズになったという。

安藤は「本当なら、あなたにその辞書をお返ししなくてはならないが、これは私の家族には死んだら私の棺に入れてくれと頼んであるので返せないんですよ」。なぜならまたあの世で困ったことがあっても、この辞書がきっと役に立つと思っているのだという。

こんな話を聞かせてもらい、返却を固辞しお互いに偶然の出会いを喜びあった。戦地でも私に接してくれた優しい大叔父であったことがとても嬉しかったことを覚えている。その後、何年かして安藤が伊呂波会に来なくなり、ほどなくして亡くなったという知らせを聞いた。恐らく天国で大叔父に会っているに違いない。そして大叔父はこんなことを言っているかもしれない。「あんちゃん、久しぶりだねぇ。あの時の辞書役に立った？」

Column

連合艦隊とは

連合艦隊とはその名の通り、複数の艦隊によって訓練や戦時に編制される、日本海軍の主力実力部隊である。太平洋戦争開戦時には水上艦、潜水艦、陸上の航空機部隊も隷下に属し、現在の海上自衛隊では自衛艦隊に相当する。

明治27（1894）年になると清国との戦争を避けられる見通しがなくなり、これまでの警備艦隊が西海艦隊と改称され、常備艦隊と西海艦隊を合わせて「連合艦隊」が初めて編制された。そして同年7月31日に日清戦争が始まっている。

日本海軍はロシアとの関係悪化に伴い、ますます海軍力を増強していく。その中で艦隊編成の上でも大きな進化を遂げ、先駆となったのが明治30（1897）年にイギリスに発注された、戦艦『富士』と『八島』である。日本海軍が取得した初の近代戦艦であった。これに伴い明治33（1900）年に「艦艇類別標準」が定められた。これによると戦艦、巡洋艦、海防艦、砲艦、通報艦、水雷母艦を軍艦とし、そのほか水雷艇、駆逐艇が加わった。その後戦艦『初瀬』『朝日』『敷島』『三笠』、装甲巡洋艦『出雲』『吾妻』『浅間』『八雲』『常盤』『磐手』の六六艦隊が完成し、すべて外国産といえども堂々たる近代海軍に成長した。

日露戦争における黄海海戦、日本海海戦での連合艦隊の活躍は「連合艦隊」の存在を内外に大きく示した。特に日本海海戦のパーフェクトな勝利は世界を驚かせ、連合艦隊司令長官東郷平八郎の「連合艦隊解散の辞」における「勝って兜の緒を締めよ」は特に当時の指導者たちに称讃された。

昭和8（1933）年5月20日、平時編制標準が改定され、連合艦隊は常設となった。これにより従来の第一艦隊司令長官兼連合艦隊司令長官から、連合艦隊司令長官兼第一艦隊司令長官となった。連合艦隊が常設となり、終戦による終焉までの期間は、解散期間を含めると56年で、司令長官は臨時の編制で複数回の者や兼務から解いた場合を複数と数えると31代、連合艦隊司令長官を拝命した人物は24名になる。また連合艦隊の旗艦が設けられたのは明治27（1894）年7月からで、旗艦を務めた艦は16隻を数えた。初代旗艦は防護巡洋艦『松島』で、二代目以降は最新の戦艦がその任に就いていたが、最後の旗艦は軽巡洋艦『大淀』だった。

おわりに

思えば筆者が三十代前半のことなので、今からかれこれ三十年も前のことである。営業の仕事で、ある会社の社長室を訪ねた。海軍兵学校出身の社長と聞いていたので、仕事とは別の興味もあり楽しみに訪問しつつ、社長室に通されて驚いた。聞いてはいたものの、社長室は海軍一色のディスプレイで埋め尽くされ、軍艦旗や江田島の写真に五省などが飾られており、極めつけは潜水艦の大きな模型が置いてあった。

模型に書いてある「イ53」を見つけ、「社長これは丙型改ですね。乗っておられたのですか？」ということは回天戦にも参加されたのですか？」と思わず熱を帯びて質問してしまった。驚いたのは社長の方である。「お若いのに（当時は）なんでそんなことを知っている」と逆に質問を受けた。私の海軍好きや、潜水艦に興味があることを告げると、商談は後回しとなり、海軍談義に時間を忘れたのである。

筆者の予想通り、社長は兵学校七二期、終戦までの約一年、伊五三潜の航海長として終戦まで戦い抜き、回天特別攻撃隊金剛隊感状拝授まで受けていた。長い人生の中で潜水艦生活は約一年しかないのだが、それが彼に大きな影響を与えていることが、短い会話の中でひしひしと感じた。

別れ際、「そんなに海軍や潜水艦に興味があるなら、幹事に伝えておくから我々の潜水艦戦友会に一度来てみたらどうか」とお誘いをいただいた。無論、二つ返事でお願いして、海軍の社長室を辞去したのである。

後日、幹事殿から連絡があり、戦友会を訪ねることになった。これが日本海軍潜水艦出身者交友会「伊呂波会」であった。

日本海軍の潜水艦乗りの生き残りである兵学校七十期、七一期が中心となり、昭和四六（一九七一）年六月に始めた会で、月一回の昼食会を主に銀座の三笠会館で定例会として開催していた。私が訪ねた時点でもすでに二十年近く続いていた「ドン亀」会であった。

改装前の三笠会館の和室に、中華料理の円卓が二卓、一四～一五名のおじいちゃん達が、ただ二時間、中華を食べてビールを傾ける会であったが、私の中では興奮がマックスになるのを禁じ得なかった。

孫にあたるような若輩の部外者をいぶしかみながら、排除することなく私の質問に丁寧にお答えいただき驚いた。自分が若い頃から読んでいた戦史や、文中で親しんでいた軍艦、駆逐艦、潜水艦に乗艦していた人達の実際の体験談は、どれも驚きの話ばかりだったのである。

おそらく社長は、一度だけと思って招待してくれたのかもしれない。しかし、幹事の方に来月も来てよいかと懇願して快諾をいただき、迷惑かもしれないと思いつつも、毎月足しげく伊呂波会に通い続けた。

私が伊呂波会へ通いだすはるか前のことだが、伊呂波会の〝純血性〟は高かったそうである。つまり潜水艦乗りでも実戦を経験した士官ではなくては敷居が高いという不文律があったという。七四期の甲標的講習員で終戦を迎え、海上自衛隊の海将まで栄達した人でさえ「お前の来るところではない」と追い返されたというのだ。

しかし私が通い出した頃はもうそんなことはなく、潜水学校で終戦を迎えた人や、同期が潜水艦乗りという水上艦や航空畑の人まで出席していた。そんなことから、会員全員が毎月来ることはないものの、会員登録では八十名近くになっていたのである。さらに他の戦友会が高齢化により解散してしまい、元気な方が戦友に会いたくて伊呂波会に流れてきていた。だから私のように部外者にも寛容だったのであろう。

　ところがそんな中で伊呂波会でも新たな問題が起きていた。八十歳近い幹事役が手分けをして、往復はがきで出欠の確認、ゲストの連絡、会場との折衝、使用する卓と1時間程度の講話の準備、当日の進行など、意外と多岐、煩雑な業務があり、これを毎月行うのが大きな負担になっていたのである。案内だけでも八十通、参加者は四十名前後ともなると準備はそれなりに大変なのである。そのため、ついに解散という提案も出るに至っていた。

　そこで私は、長年にわたり部外者を受け入れてくれた恩義をお返しするのはこの時と、事務をすべて引き受けると志願したのである。これにはさすがに申し訳ないとの声も上がったが、戦友会のお世話ができるのは光栄の至りと決意を述べると、それでは是非にと部外者の伊呂波会事務局長が誕生したのである。

　確かにやることは多かった。ＳＮＳがない時代、案内は毎月八十通の往復はがきの作成からスタートした。出欠の確認は会館だが、出席と返事をして予定が変わり欠席となると大変である。人に迷惑をかけないのが信条の海軍士官はとにかく欠席連絡がきめ細かい。会館、私の自宅や携帯にも了解があるまで連絡がくる。当日の進行や、卓話資料の配布物の印刷や準備、集金や会計など、事務作業は多岐にわたる。

こんなことを毎月行っていると、ある変化が表れた。これまで部外者の私の存在など気にかけていなかった人にも、否が応でも名前を覚えてもらい、さまざまなコミュニケーションの機会がある。そのうち「あんたに世話になっている」と感謝してくれて、自分で潜水艦の資料をまとめたので読んでみるかとか、体験談を書いたので読んでくれるか、あるいは貴重な資料や書店で販売していない自主出版物や、私家版の書籍など多数をいただくようになった。さらには伊呂波会に来ていないがワシのクラスに貴重な経験をしている者がいるから会ってみないかと言われ、遠くは岩国まで訪ねていったこともある。海上自衛隊の潜水艦乗りと知り合うきっかけも伊呂波会を通じてだったのである。

私の潜水艦に対しての人脈や知識は爆発的に増大したと言っても過言ではない。その中で、ただ聞くだけではもったいないと記録をとるようになり、雑誌のインタビュー記事として執筆することもできるようになった。

今では聞き及んだ実戦体験談をまとめ、海上自衛隊の若い隊員、特に教育部隊に部外戦史講話の講師として招かれるようになり、二〇二四年春の時点で一四年にわたり五七回実施している。

拙いながらこうして書籍も出させてもらっているが、これもすべて伊呂波会での出会いが基本となっているのである。

主要参考文献

「日本海軍史」第9巻 第10巻 将官履歴　海軍歴史保存会

秦 郁彦「日本陸海軍総合事典」東京大学出版会

歴史群像編集部「歴群［図解］マスター 日本海軍」学研プラス

瀬間 喬「海軍用語おもしろ辞典」光人社

瀬間 喬「素顔の帝国海軍」（正・続・続々）海文堂

阿川弘之「海軍こぼれ話」光文社

阿川弘之「軍艦長門の生涯」新潮社

阿川弘之「山本五十六」新潮社

「伊呂波会 30周年記念誌」「伊呂波会 40周年記念誌」私家版

鈴木総兵衛「聞書・海上自衛隊史話」水交会

「海上自衛隊 苦心の足跡」各巻　水交会

「世界の艦船」各巻　海人社

「丸」別冊　各巻　潮書房光人社

特潜会「特潜会報」各号　特潜会

秦 郁彦／伊沢保穂「日本海軍戦闘機隊2【エース列伝】」大日本絵画

イカロス出版 刊行物のご案内

艦艇をおもしろくする海のバラエティー・マガジン J Ships ジェイ・シップス

隔月刊・
奇数月11日発売
A4変型判
定価1,760円（税込）
年間購読料（年6冊）
8,500円（税込）

注）お届け日は、小社発送の都合により発売日と前後する場合があります。ご了承ください。

海上自衛隊、海上保安庁をはじめ、日本と世界の艦船・海軍を楽しむビジュアル・マガジン。艦艇を取り巻くさまざまな最新情報や、独自取材によるレアなシーン、各種イベント情報まで、艦艇・海軍ファン必見のバラエティー・マガジンだ！

日本海軍 潜水艦戦記

勝目純也 著
A5判
定価1,980円（税込）

海戦劈頭のハワイ作戦から終戦に至るまで、さまざまなタイプの潜水艦が日本海軍の全戦線で戦った。しかし、その戦いは苦しく、むなしく散っていく艦も多かった──。本書は日本海軍による潜水艦導入から、昭和20(1945)年の終戦まで、その代表的な戦い、各タイプの特徴など、日本海軍の潜水艦の興亡をさまざまなエピソードとととともに紐解いていく。

甲標的全史

勝目純也 著
A5判
定価1,980円（税込）

特殊潜航艇として知られる甲標的は、真珠湾への潜入以降もさまざまな戦域に投入され、終戦まで戦い抜いている。本書は知られざる戦いのすべてを詳述。開発の経緯や制式化に至るまでの試行錯誤、そして搭乗員の努力、実戦投入に際する諸問題などについて、甲標的関係者の戦友会「特潜会」会員から得たさまざまな証言、一次資料を基にそのすべてを明らかにする。

海上自衛隊 潜水艦建艦史 増補改訂版

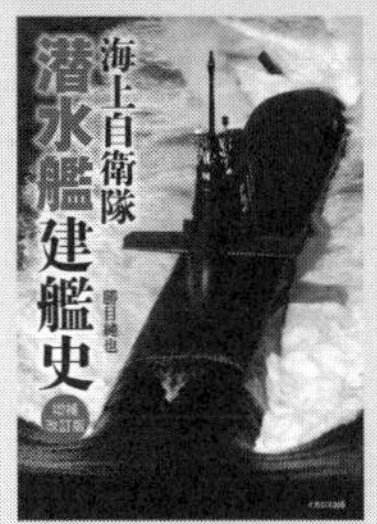

勝目純也 著
A5判
定価2,200円（税込）

海上自衛隊の潜水艦は、世界の通常動力型潜水艦の中でも世界最高レベルにある。本書は海自が初めて保有した潜水艦「くろしお」、戦後初の国産潜水艦「おやしお」型から最新の「たいげい」型への進化、潜水艦運用に不可欠な潜水艦救難艦、潜水艦救難母艦に至るまで、日本の潜水艦建艦史のすべてを網羅。世界最高峰の技術を誇る海上自衛隊の潜水艦の歴史を紐解く。

◎バックナンバー及びイカロス出版の本のお求め方法
バックナンバー及びイカロス出版の本は全国の書店、またはAmazon.co.jp、楽天ブックスなどのネット書店でお求めいただけます。

◎お申し込み・お問い合わせ　イカロス出版 出版営業部
E-mail:request@ikaros.jp
https://books.ikaros.jp/

＊お知らせいただいたお客様の個人情報は、当社の個人情報保護方針に基づき、ご注文の商品（情報）の発送とそれに関わるお問い合わせ、今後の当社の商品情報のご提供のみに利用し、安全かつ厳密に管理します。

著者紹介

勝目純也（かつめ じゅんや）

昭和34(1959)年、神奈川県鎌倉市出身。曾祖父は野間口兼雄海軍大将。会社員。

著書に「海上自衛隊 護衛艦建艦史」「甲標的全史」「日本海軍潜水艦戦記」(イカロス出版)、「日本海軍の潜水艦」「海軍特殊潜航艇」(大日本絵画)、「日本潜水艦総覧」(ワン・パブリッシング)など多数。

雑誌「歴史群像」(ワン・パブリッシング)、「丸」(潮書房光人社)、「世界の艦船」(海人社)、「Jシップス」(イカロス出版)等に寄稿。

日本海軍戦争体験者への取材内容を基に、海上自衛隊の教育部隊を中心に毎年講話を実施しており、2023年で13年目57回を数える。

公益財団法人三笠保存会評議員、東郷会常務理事、潜水艦殉国者慰霊顕彰会理事、横須賀水交会幹事、水交会 研究委員会委員

装丁――――――――藤原未奈子(FROG)

本文デザイン―――――大橋郁子

負けじ魂――これぞ船乗り

日本海軍・海上自衛隊こぼれ話

2024年6月20日 初版第1刷発行

著　者――――勝目純也

発行人――――山手章弘

発行所――――イカロス出版

〒101-0051　東京都千代田区神田神保町 1-105

contact@ikaros.jp（内容に関するお問合せ）

sales@ikaros.co.jp（乱丁・落丁、書店・取次様からのお問合せ）

［URL］https://www.ikaros.jp/

印刷所――――日経印刷

Printed in Japan

禁無断転載・複製